Inhalt

Textaufgaben

Geometrie

Hallo ______________________ !

(dein Name)

Bist du in der 4. Klasse und möchtest nach der Grundschule gern ins Gymnasium gehen? Brauchst du dafür im Fach Mathematik noch bessere Noten?

Kein Problem! Dieser Klassenarbeitstrainer unterstützt dich auf deinem Weg ins Gymnasium und hilft dir, dich für das Schreiben von Klassenarbeiten im Fach Mathematik fit zu machen.

In diesem Heft findest du 24 Klassenarbeiten. Such dir ein Thema aus, in dem du dich testen möchtest. Geh dabei am besten so vor, wie du auch in der Schule eine Klassenarbeit schreibst. Dazu trennst du die Klassenarbeit aus dem Heft. Dann nimm dir 45 Minuten Zeit, um die Aufgaben zu lösen. Meistens kannst du direkt auf das Blatt schreiben, für manche Aufgaben brauchst du ein Extrablatt.

Damit du weißt, wie gut du wirklich bist, kannst du dir für jeden Test eine Note geben. Diese Note kannst du in deine persönliche Leistungskurve auf Seite 15 eintragen. Hier siehst du genau, wo deine Stärken liegen und welche Bereiche du noch üben solltest.

Wenn du bei einem Thema unsicher bist und vor dem Ausfüllen der Klassenarbeit das Wichtigste noch mal wiederholen möchtest, findest du ab Seite 6 die wichtigsten Regeln kurz zusammengefasst.

Richtige Klassenarbeits-Profis kann nichts aus der Ruhe bringen! Deshalb findest du auf den Seiten 4 und 5 tolle Tipps, wie auch du gelassen die nächste Klassenarbeit meisterst!

Auf deinem Weg ins Gymnasium wünschen wir dir viel Erfolg!

Autorin und Verlag

1

Übe regelmäßig ein bisschen!

Warte mit dem Üben nicht, bis du den Termin für die nächste Klassenarbeit erfahren hast, sondern

- ✔ fertige regelmäßig deine Hausaufgaben an.
- ✔ Arbeite konzentriert im Unterricht mit.
- ✔ Frag sofort nach, wenn du etwas nicht genau verstanden hast.
- ✔ Schreibe die gelernten Regeln zu Hause noch einmal auf ein besonderes Blatt oder in ein extra Übungsheft, das du nur für dich anlegst. Schreibe in dieses Heft auch, bei welchen Aufgaben du Schwierigkeiten gehabt hast und auf welcher Seite im Buch oder auf welchem Arbeitsblatt solche Aufgaben vorkamen.
- ✔ Übe jeden Tag ein bisschen!

Auf diese Weise bist du immer auf dem neuesten Stand und musst bei der Ankündigung einer Klassenarbeit nicht alles aufarbeiten, was du in den letzten Wochen durchgenommen hast!

2

Übe die richtigen Aufgaben!

Übe nur Aufgaben, die du zu Hause oder im Unterricht nicht so gut konntest. Du verschwendest sonst nur Zeit, wenn du alle Aufgaben übst, die vielleicht in der Klassenarbeit vorkommen werden.

3

Übe nur, wenn du noch konzentriert bist!

Übe nur an Tagen, an denen du noch „Luft“ hast. Wenn du besonders viel Hausaufgaben machen musst, fehlt oft die Konzentration, hinterher noch für eine Arbeit zu üben. Das bringt dann nichts.
Oft weißt du schon, welcher Tag in der Woche besonders stressig ist. Mach ihn zu deinem übungsfreien Tag! Für die anderen Tage aber solltest du dir feste Zeiten reservieren und diese dann auch zum konzentrierten Üben nutzen.

4

Rechne viel im Kopf!

Leg dir eine große Sammlung von Kopfrechen-aufgaben auf kleinen Kärtchen an. Löse täglich ein paar Minuten lang einige dieser Aufgaben. Mit der Lösung auf der Rückseite kannst du dich wunderbar selbst kontrollieren! Beim Kopfrechnen versucht man immer automatisch, sich das Rechnen zu erleichtern. Das schult dich, bei Aufgaben in Klassenarbeiten Rechenvorteile zu erkennen und dann schneller zu arbeiten.

Wenn deine Sammlung noch zu klein ist, oder du erst damit anfangen willst, bitte deine Eltern oder größere Geschwister oder Freunde, mit dir Kopfrechenaufgaben zu üben.

5 Wende Regeln an, die du kennst!

Wenn du nun Aufgaben übst, die dir schwergefallen sind, such dir die passende Regel dazu (Achtung, es gibt nicht immer nur eine!). Versuche, mithilfe dieser Regel eine Beispielaufgabe aus deinem Heft Schritt für Schritt nachzurechnen.

6 Geh von leichteren zu schwierigeren Aufgaben!

Steigere den Schwierigkeitsgrad deiner Aufgaben! Nachdem du die ersten richtig lösen konntest, nimm dir weitere dazu, die dir schwieriger vorkommen. Vergiss nicht, dich zu kontrollieren, indem du zum Beispiel die Umkehraufgabe löst!

7 Immer nur ein Thema pro Tag!

In manchen Klassenarbeiten kommen unterschiedliche Themen vor. Hier heißt es dann schnell umschalten. Damit du beim Üben aber nicht durcheinanderkommst, nimm dir an jedem Tag immer nur ein Thema vor, zum Beispiel Aufgaben mit Geldwerten.

8 Benutze deine Lieblings-Rechenwege!

Merke dir die Rechenwege gut, mit denen du bei bestimmten Aufgaben am besten klargekommen bist. Wende sie konsequent an! Wähle keinen Rechenweg, den du nicht richtig erklären kannst oder nicht verstanden hast.

9 Mache einen Überschlag!

Schau dir die Zahlen in einer Aufgabe und deine Lösung dazu an. Passen diese zueinander? Oder hast du das Gefühl, dass da etwas nicht stimmt? Falls das so ist, überschlage deine Rechnung. Du kannst damit Fehler vermeiden und Punkte gutmachen. Gewöhn dir am besten immer das Überschlagen an!

Beispiel: $427 \cdot 8 = 6\,416$

Durch den Überschlag $400 \cdot 8 = 3\,200$ erkennst du sofort, dass falsch gerechnet wurde.

10 Nur die Ruhe bewahren!

Wenn du diese 9 Tipps befolgst, wirst du für eine Klassenarbeit immer gut vorbereitet sein. Du kannst deshalb in der Nacht davor auch ruhig und fest schlafen. So gehst du am nächsten Morgen topfit ins Rennen!

Stellenwerttafeln

Stellenwerttafeln helfen dir, Zahlen so darzustellen, dass du direkt siehst, wie viele „Mitglieder“ von jeder Stelle vorhanden sind. Dabei können es pro Stelle jeweils höchstens 9 „Mitglieder“ sein.

Beispiel: 27 Zehner = 27 · 10 = 270

H	Z	E
2	7	0

Zahlenstrahl

- Zahlenstrahlen zeigen dir, wo Zahlen liegen. Mit ihnen kannst du die Größe von Zahlen vergleichen. Von links nach rechts wachsen die Zahlen in gleich bleibenden Zwischenräumen (Schritten, Intervallen). Beispiel:

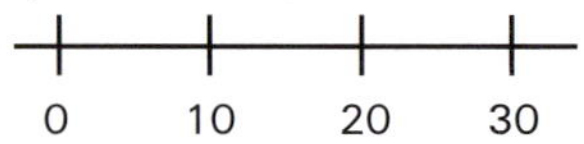

Hier geht es pro cm in 10er-Schritten weiter.

- Dein Heft würde nicht ausreichen, um viel größere Zahlen darzustellen. Deshalb siehst du oft nur Ausschnitte von Zahlenstrahlen. Beispiel:

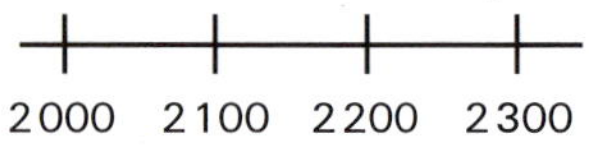

Hier geht es pro cm in 100er-Schritten weiter.

- Beim Feststellen von **Nachbarzahlen** kann dir der Zahlenstrahl ebenfalls sehr helfen. Beispiel:

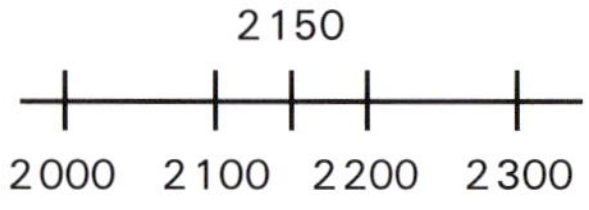

Die Nachbarhunderter von 2150 sind 2100 und 2200.

- Wenn du einen Zahlenstrahl als hilfreiche Skizze von Hand anlegen willst, nenne ihn Zahlenstrich, weil deine Zwischenräume sicher nicht alle genau gleich werden.

Runden

Wenn du Zahlen auf glatte 10er, 100er oder 1000er runden sollst, betrachte immer die entsprechende Stelle der Zahl, die 10er-Stelle, die 100er-Stelle oder die 1000er-Stelle. Die Ziffern rechts davon sollen nach dem Runden 0 werden. Denke daran, dass es Auf- und Abrundungen gibt. Ab der Zahl 5 wird aufgerundet. Beispiel:

16742 auf 10er runden
16740 Die 2 ist kleiner als 5. Also wird abgerundet.

16742 auf 100er runden
16700 Die 4 ist kleiner als 5. Also wird abgerundet.

16742 auf 1000 runden
17000 Die 7 ist größer als 5. Also wird aufgerundet.

Addieren

- Das Ergebnis einer Addition heißt **Summe**. Die Umkehroperation der Addition ist die Subtraktion.
- Sollst du mehrere Zahlen (Summanden) addieren, kannst du dir durch Umstellungen die Arbeit erleichtern. Beispiel:

  149 + 27 + 1 + 403 =
  149 + 1 + 27 + 403 = 580

Subtrahieren

- Das Ergebnis einer Subtraktion heißt **Differenz**. Die Umkehroperation der Subtraktion ist die Addition.
- Sollst du von einer Zahl (Minuend) mehrere Zahlen (Subtrahenden) subtrahieren, kannst du dir durch geschicktes Zusammenfassen der Subtrahenden die Arbeit erleichtern. Beispiel:

  417 − 28 − 3 − 42 − 17 =
  417 − (28 + 42 + 3 + 17) = 327

Übertragen

Vergiss bei der schriftlichen Addition und Subtraktion nie die **Überträge**. Lass dafür immer genug Platz, sodass du die Übertragszahlen gut lesen kannst.

Multiplizieren

- Das Ergebnis einer Multiplikation heißt **Produkt**. Die Umkehroperation der Multiplikation ist die Division.
- Du darfst die beiden Zahlen (Faktoren), die du multiplizieren sollst, miteinander **vertauschen**. Das ändert das Ergebnis nicht. Wenn du bei der Arbeit noch Zeit übrig hast, kannst du deine Rechnungen durch Vertauschen der Faktoren überprüfen.
- Eine andere gute Möglichkeit der Kontrolle ist der **Überschlag**. Dann weißt du zumindest, ob du mit deinem Ergebnis ungefähr richtig liegst. Beispiel:

  507 · 5 Ü: 500 · 5 = 2 500
  2535

Dividieren

Die Umkehroperation der Division ist die Multiplikation. Wenn du das erlernte Verfahren bei der schriftlichen Division Schritt für Schritt genau einhältst, kannst du kaum einen Fehler machen.
Auch hier bringen der Überschlag oder die Probe zusätzliche Sicherheit.
Bei der Division können auch **Reste** entstehen. Dabei muss der Rest immer kleiner sein als die Zahl, durch die du dividierst.

Hier sind Beispielaufgaben, bei denen du besonders aufpassen musst:

```
432 : 4 = 108        1080 : 6 = 180
4                     6
03                    48
 0                    48
 32                    00
 32                     0
  0                     0
```

Und hier zwei Beispiele, wie du den Rest notieren kannst:

```
567 : 6 = 95 R 3 (oder: Rest 3)     567 : 6 = 94 + 3 : 6
54                                  54
 27                                  27
 24                                  24
  3                                   3
```

Allgemein gilt:

Achte beim Rechnen mit Größenangaben darauf, dass die Maßangaben gleich sind, damit dir nicht so etwas passiert:
3 t – 3 kg = 0 ???

Also zuerst umwandeln: 3 t = 3 000 kg; dann rechnen:
3 000 kg – 3 kg = 2 997 kg

Rechnen mit Geldbeträgen

- Geldbeträge sind zweistellig. Das heißt, sie haben 2 Stellen nach dem Komma: die „10-ct"-Stelle und die „1-ct"-Stelle.

- Das Komma trennt Euro von Cent: 2,15 €.
  1 € = 100 ct

- Wenn du beim Rechnen mit Geldbeträgen ohne Komma rechnen möchtest, wandle die Beträge in Cent um. Das Ergebnis kannst du anschließend wieder in eine Kommazahl zurückverwandeln.

- Bei Geldbeträgen mit Komma ist es unüblich, etwa für 7,90 € nur 7,9 € zu schreiben, auch wenn es nicht falsch wäre. Wenn du die Beträge in die Stellenwerttafel unten einsetzt, erkennst du den Grund:

10 €	1 €	10 ct	1 ct
	7	9	0

Komma

Rechnen mit Längen

1 cm = 10 mm **1 m = 100 cm** **1 km = 1000 m**

- Du siehst, die Umwandlungszahlen bei Längen sind uneinheitlich: Kilometerangaben sind dreistellig hinter dem Komma, Meterangaben sind zweistellig hinter dem Komma.

- Beim Umgang mit Kommazahlen helfen dir auch hier Stellenwerttafeln, die rasch auf ein Extrablatt gezeichnet sind.

- Das Komma trennt m und cm sowie km und m. Seltener werden dir einstellige Kommazahlen in cm begegnen, wobei das Komma hier cm und mm trennt.

- Bei Entfernungsangaben mit Komma (z. B. bei Verkehrsschildern) ist es üblich, anstatt 3,500 km 3,5 km zu schreiben. Du solltest, wenn du dir noch nicht so sicher bist, alle Stellen mit Nullen auffüllen, wenn sie weggelassen wurden.

Rechnen mit Gewichten

1 kg = 1 000 g **1 t = 1 000 kg** **$\frac{1}{2}$ kg = 500 g** oder **0,500 kg** oder **0,5 kg**

- Gewichtsangaben sind als Kommazahlen dreistellig hinter dem Komma: 1,400 kg. Wie bei den Längenangaben verzichtet man bei der Schreibweise von Gewichten als Kommazahl oft auf die letzten beiden Stellen hinter dem Komma, wenn diese 0 sind. Anstelle von 5,400 kg liest man oft: 5,4 kg.
- Auch hier beweist der Eintrag in eine Stellenwerttafel, dass beides richtig ist.
- Achte auch auf Brüche. $\frac{1}{2}$ kg (sprich: ein halbes Kilogramm), ist die Hälfte eines Kilogramms. $\frac{1}{4}$ kg ist „ein Viertel eines Kilogramms“ oder „der vierte Teil eines Kilogramms“.
- Beim Einschätzen von Gewichten kannst du dich erinnern, dass deine Schultasche ungefähr 3 kg = 3,000 kg = 3000 g wiegt.

Rechnen mit Volumen

1 l (Liter) = 1 000 ml

- Literangaben als Kommazahl sind dreistellig nach dem Komma. Das Komma trennt dabei Liter von 100-ml-Anteilen und 10-ml-Anteilen und 1-ml-Anteilen.
- 3,5 l sähen in der Stellenwerttafel dann so aus:

Komma

l	100 ml	10 ml	1 ml
3	5	0	0

- Du siehst, du dürftest auch schreiben: 3,500 l oder 3 500 ml.

Rechnen mit Zeit

1 min = 60 s **1 h (Stunde) = 60 min** **1 Tag hat 24 Stunden**

- Uhrzeiten werden in diesem Format angegeben: 13.05 Uhr.
  Vor dem Punkt stehen die Stunden, dahinter die Minuten.
  Manchmal steht anstelle des Punktes auch ein Doppelpunkt: 13:05 Uhr
- Geschwindigkeit wird gemessen in Strecke pro Zeit.
  Beispiel: 130 km/h (sprich: 130 Kilometer pro Stunde) bedeutet, dass ein Fahrzeug 130 km weit käme, wenn es eine Stunde lang mit dieser Geschwindigkeit fahren würde.

Fragen und Antworten formulieren

- Wenn zu einer Textaufgabe keine Frage vorhanden ist,
  ✔ unterstreiche im Text Zahlen- und Größenangaben und
  ✔ achte auf Zeichnungen, wenn es welche gibt.
  Versetze dich nun in die Handlung, die der Text beschreibt, und formuliere eine Frage aus den Zahlen und Größenangaben und den Hinweisen aus der Zeichnung.

- Formuliere deine Frage immer so, dass die gesuchte Größenangabe (falls nach einer gesucht wird) in ihr vorkommt. Beispiel: Wie viel Minuten dauert die Fahrt? Wie viel Cent hat Maria ausgegeben?

- Antworte mit den Worten deiner Frage. Setze anstelle des Fragewortes nur dein Ergebnis ein. Beispiel: Die Fahrt dauert 10 Minuten. Maria hat 1500 Cent ausgegeben. (Achtung: Hier darfst du das Ergebnis nicht in Euro angeben, denn danach ist nicht gefragt!)

Rechenbäume

Längere Aufgaben kannst du übersichtlicher gestalten, wenn du sie in einem Rechenbaum anordnest. Wenn schon ein Rechenbaum vorgegeben ist,
✔ überlege, welche Rechenschritte du in welcher Reihenfolge bearbeitest;
✔ trage die Zahlenwerte in die eckigen Felder ein und die Rechenarten in die runden.

Das Kästchen, das jeweils unter einem runden Feld liegt, enthält immer ein Teilergebnis. Das letzte Kästchen enthält das Endergebnis. Wenn du selbst einen Rechenbaum anlegen sollst, fertige am besten auf einem Extrablatt eine Skizze an, um dich zu vergewissern, dass du auch jeden Schritt der Aufgabe bedacht hast.

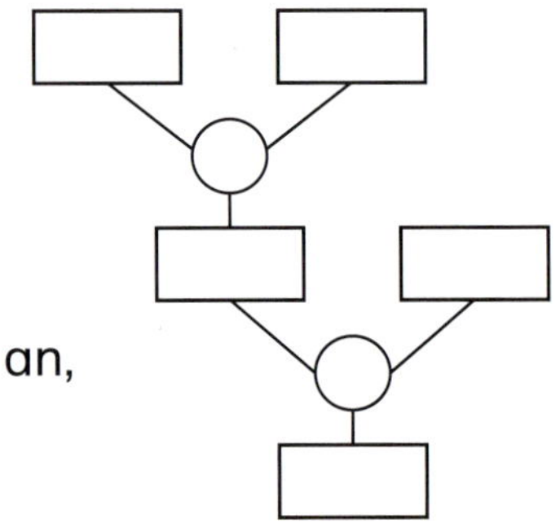

Diagramme

Beim Zeichnen und Lesen von Diagrammen musst du unbedingt auf die Einteilung achten. Das können etwa Rechenkästchen oder Zentimeter sein. An einem fertigen Diagramm musst du ablesen können, welche Einheit sich hinter einem Kästchen oder einem Zentimeter verbirgt. Beispiel:

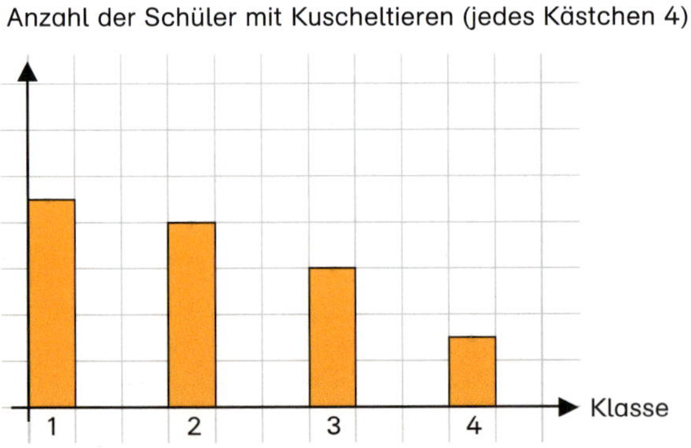

Lies ganz genau!

Kurze Aufgabentexte mit nur zwei Zahlenangaben dürfen dich nicht dazu verführen, den Text nur oberflächlich zu lesen. Lies immer sorgfältig und lieber zweimal, um genau zu verstehen, was du rechnen sollst!

Komplexe Textaufgaben

Komplexe Textaufgaben sind nicht immer auf den ersten Blick zu durchschauen. Hier heißt es:

- ✔ besonders intensiv lesen
- ✔ auf Signalwörter achten (mal, Unterschied, Summe, abziehen, hinzufügen, verteilen, aufteilen, die Hälfte, das Doppelte ...)
- ✔ eine Skizze anfertigen
- ✔ oder ein Pfeilbild erstellen
- ✔ oder eine Tabelle anlegen und in ihr rechnen.

Vergiss nicht zu kontrollieren!

Wenn du rechtzeitig mit deinen Aufgaben fertig bist, überprüfe sie durch Überschläge oder Umkehraufgaben.

Übersicht über wichtige Lösungsmethoden

– **Tabellen**
Du solltest sie anlegen, wenn du etwa Mengen oder Preise miteinander vergleichen sollst.
Beispiel: 4 Schokoriegel kosten in Geschäft a) 1,40 €, in Geschäft b) sind 6 zu 2,28 € zu haben. Wo sind sie billiger?

Anzahl der Schokoriegel	4	2	6
Preis (€)	1,40		

Als Lösung reicht diese Tabelle schon, wenn sie vollständig ausgefüllt ist.

– **Pfeilbilder** eignen sich besonders, wenn du einem Zahlenrätsel auf die Spur kommen willst. Ein solches könnte zum Beispiel so lauten:
Wenn ich meine Zahl mit 3 multipliziere und vom Ergebnis 180 subtrahiere, erhalte ich 12.

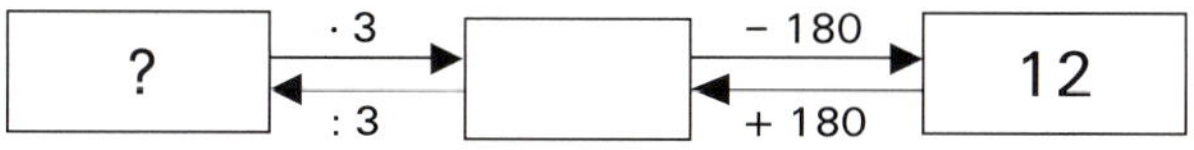

Durch „Zurückrechnen“ kannst du das Rätsel lösen. Denke aber daran, bei den Umkehroperationen auch die passenden Rechenzeichen zu verwenden!

– **Skizzen** solltest du anwenden, wenn es z.B. um Streckenberechnungen geht.
Beispiel: Kalles Schulweg ist 4 km lang. Maries Weg ist um die Hälfte länger als Kalles Weg. Isas Weg ist halb so lang wie Maries Weg.
(Wenn du für jeden km einen cm nimmst, kannst du sogar maßstabsgetreu skizzieren!)

Kalles Weg: ____________________

Maries Weg: ______________________________ Kalles Weg + die Hälfte von Kalles Weg

Isas Weg. _______________ halb so lang wie Maries Weg

Würfel

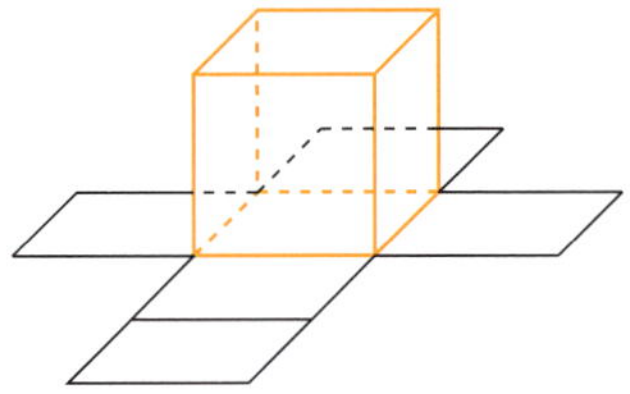

Ein Würfel besteht aus sechs gleich großen, quadratischen Flächen. Wenn du ein Kantenmodell aus Strohhalmen und Knete (zum Verbinden der Kanten) bauen würdest, bräuchtest du 12 gleich lange Halme für die Kanten und 8 Kügelchen Knete für die Ecken.

Quader

Ein Quader unterscheidet sich vom Würfel dadurch, dass immer nur gegenüberliegende Flächen gleich groß sein müssen.

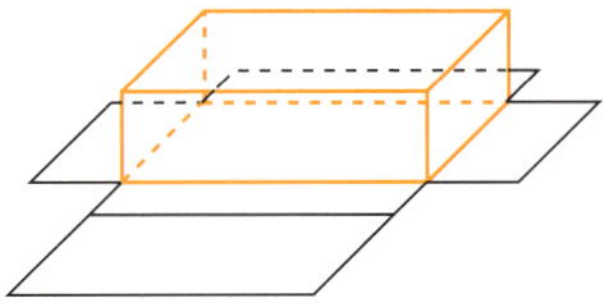

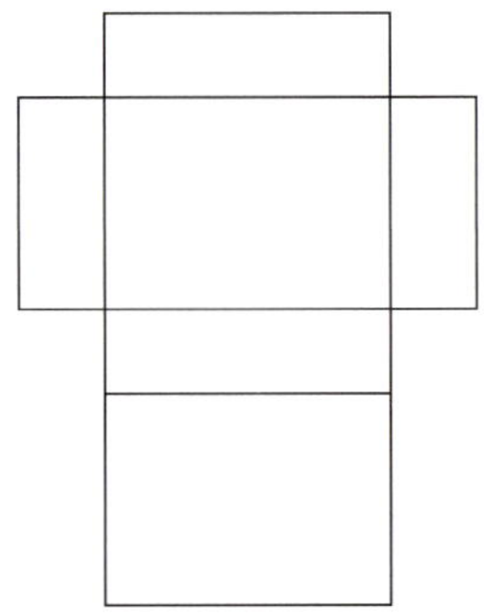

Maßstäbe

- Gegenstände werden oft verkleinert oder vergrößert dargestellt. In welchem Verhältnis sagt dir der Maßstab. Heißt dieser Maßstab z. B. 2 : 1 (sprich 2 zu 1), dann ist das Bild doppelt so groß (zweimal so groß) dargestellt wie das Original. Heißt der Maßstab z. B. 1 : 2, dann ist das Bild halb so groß (zweimal so klein) dargestellt wie das Original.
- Beim Vergrößern oder Verkleinern musst du darauf achten, auch wirklich **jede** Linie und auch **jeden** Zwischenraum entsprechend zu verkleinern oder zu vergrößern. Stell dir einmal einen gefüllten Luftballon vor, aus dem du langsam die Luft herauslässt. Du wirst feststellen, dass er nicht nur in der Länge, sondern auch in der Breite kleiner wird.

Quadrate

- Quadrate sind Flächen, deren Seiten gleich lang sind. Eine Fläche eines Würfels ist ein Quadrat. Ein Kästchen in deinem Rechenheft ist ein Quadrat. Quadrate eignen sich gut, größere Flächen durch Auslegen miteinander zu vergleichen.
- Die Größe von Grundstücken und Wohnungen wird z. B. in Quadratmetern angegeben. Ein Quadratmeter hat die Größe eines Meterquadrates, das du bestimmt schon einmal in der Schule aus einem großen Papierbogen hergestellt hast. Vielleicht hast du mit solchen Meterquadraten auch Flächen in der Schule (z. B. dein Klassenzimmer) ausgemessen. Als Schreibweise für Quadratmeter findest du in der Regel **m^2**.
- Teilst du ein Quadrat über gegenüberliegende Ecken, erhältst du 2 gleich große Dreiecke, deren Flächen zusammen so groß sind wie die des vollständigen Quadrats.

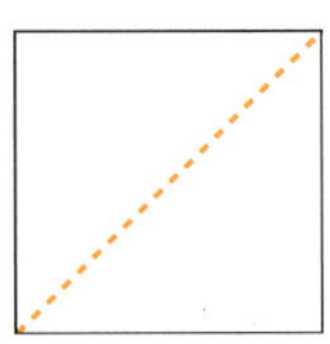

Umfang

Der Umfang einer Fläche ist die Summe aller Strecken, die die Fläche außen begrenzen.
Beispiel: Die folgende Fläche wird von 1 cm langen Linien begrenzt. Zusammen bilden diese Linien den Umfang der Fläche. In diesem Fall beträgt der Umfang 10 cm.

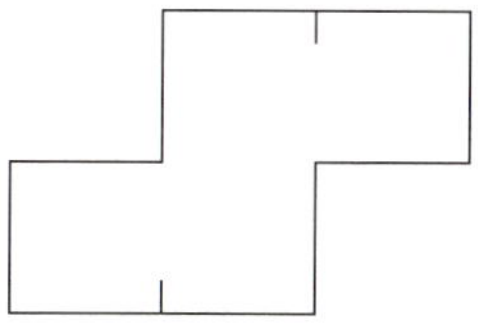

Rechter Winkel und Senkrechte

Falte ein Blatt Papier einmal. Du erhältst eine gerade Faltkante. Falte nun die beiden Enden der Faltkante genau aufeinander und du siehst beim Auseinanderfalten des Papieres zwei Faltlinien, die kreuzförmig zueinander stehen. Sie stehen **senkrecht** aufeinander. Ein Geodreieck bildet an der Spitze einen rechten Winkel.

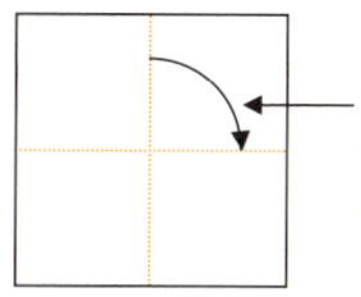

Die Winkel zwischen den Senkrechten nennt man rechte Winkel.

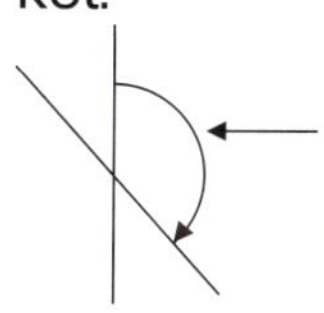

Kreise

Kreise lassen sich mit einem Zirkel zeichnen. Der Abstand zwischen Zirkelspitze und Zirkelmine heißt **Radius**. Du kannst ihn mithilfe eines Lineals genau einstellen.

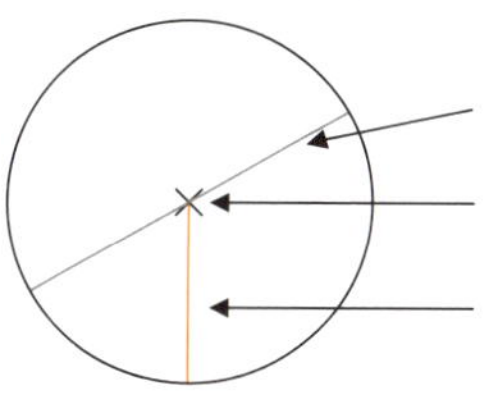

Spiegelung – Drehung – Verschiebung

- Figuren lassen sich an einer **Symmetrieachse** spiegeln. Jeder Punkt der Spiegelfigur muss genau den gleichen Abstand zur Spiegelachse haben wie die Punkte der Originalfigur. Die Kästchen im Rechenheft können dir dabei hilfreich sein. Zur Kontrolle kannst du bei Übungen einen Taschenspiegel nehmen.

- Figuren lassen sich an einem Drehpunkt **drehen**. Ein Uhrzeiger ist z.B. eine solche Figur. Wenn du eine Spieluhr hast, kannst du an den großen Zeiger einmal ein Papierquadrat kleben und den Zeiger dann immer eine viertel Stunde weiterdrehen. Du siehst dann, wie sich die Lage des Qadrates ändert.

- Figuren lassen sich **verschieben**. Die Verschiebungsrichtungen können links, rechts, oben und unten sein. Die Kästchen im Heft eignen sich zur Angabe von Verschiebungsvorschriften. Schau dir das folgende Beispiel an.

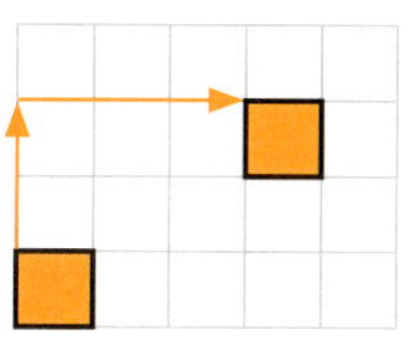

Das farbige Quadrat ist 2 Kästchen nach oben und 3 Kästchen nach rechts verschoben.

Mein Klassenarbeitsplan

Fülle diese Felder aus, wenn du die Klassenarbeit bearbeitet hast.

Kreuze an, wenn du mit deinem Ergebnis nicht zufrieden warst und den Test wiederholen möchtest.

Trage hier deine Note ein.

Klassenarbeit	erledigt am (Datum)	kontrol-liert	meine Note	will ich wieder-holen
Beispiel	26.07.2007	✔	3	X
Arithmetik				
Orientierung im Zahlenraum bis zu 1 Million (S. 17/18)				
Addition (S. 19/20)				
Subtraktion (S. 21/22)				
Multiplikation (S. 23/24)				
Division (S. 25/26)				
Grundrechenarten / vermischte Aufgaben (S. 27/28)				
Rechnen mit Größen				
Umgang mit Geldbeträgen (S. 29/30)				
Umgang mit Längen (S. 31/32)				
Umgang mit Gewichten (S. 33/34)				
Umgang mit Volumen (S. 35/36)				
Umgang mit der Zeit (S. 37/38)				
vermischte Aufgaben (S. 39/40)				
Textaufgaben				
Umgang mit Texten (S. 41/42)				
Rechenbäume und Diagramme (S. 43/44)				
einfache Textaufgaben (Multiplikation / Division; S. 45/46)				
einfache Textaufgaben (Größen; S. 47/48)				
komplexe Textaufgaben (S. 49/50)				
vermischte Aufgaben (S. 51/52)				
Geometrie				
Würfel, Quader und andere Körper (S. 53/54)				
vergrößern und verkleinern (S. 55/56)				
Flächen und Flächenvergleiche (S. 57/58)				
Arbeit mit Geodreieck und Zirkel (S. 59/60)				
spiegeln, drehen, verschieben (S. 61/62)				
vermischte Aufgaben (S. 63/64)				

Meine Leistungskurve – und wie ich weiterüben kann

Auf dieser Seite kannst du deine persönliche Leistungskurve erstellen und damit genauer sehen, wo deine Stärken und Schwächen liegen. Male die Kreise für die Noten, die du in den einzelnen Klassenarbeiten bekommen hast, farbig aus. Verbinde dann diese Kreise, und die Kurve wird sichtbar.

In den meisten Bundesländern musst du, wenn du auf das Gymnasium kommen möchtest, in Deutsch und Mathematik eine Durchschnittsnote von 2,5 oder noch besser haben. Überprüfe, wie du in diesen Fächern stehst und wo du noch üben musst, wenn das Gymnasium dein Ziel ist.

Beispiel für eine Leistungskurve

Note	Seite 29/30	Seite 31/32	Seite 33/34	Seite 35/36	Seite 37/38	Seite 39/40
1	○	○	○	○	○	○
1,5	○	○	○	●	○	○
2	●	○	○	○	○	●
2,5	○	○	●	○	●	○
3	○	○	○	○	○	○
3,5	○	●	○	○	○	○
4	○	○	○	○	○	○
4,5	○	○	○	○	○	○
5	○	○	○	○	○	○
5,5	○	○	○	○	○	○
6	○	○	○	○	○	○

Klassenarbeiten Arithmetik

Note	Seite 17/18	Seite 19/20	Seite 21/22	Seite 23/24	Seite 25/26	Seite 27/28
1	○	○	○	○	○	○
1,5	○	○	○	○	○	○
2	○	○	○	○	○	○
2,5	○	○	○	○	○	○
3	○	○	○	○	○	○
3,5	○	○	○	○	○	○
4	○	○	○	○	○	○
4,5	○	○	○	○	○	○
5	○	○	○	○	○	○
5,5	○	○	○	○	○	○
6	○	○	○	○	○	○

Erstelle auch deine Leistungskurve für die Klassenarbeiten Rechnen mit Größen, Textaufgaben und Geometrie! →

Meine Leistungskurve – und wie ich weiterüben kann

Hast du noch Schwierigkeiten, zum Beispiel mit Textaufgaben?

Mit diesen Übungsheften kannst du ganz intensiv genau den Bereich üben, in dem du dich verbessern willst. Außerdem helfen dir viele Tipps, dein Ziel Gymnasium zu erreichen.

Deine Buchhandlung zeigt dir alle Bände, die es gibt – auch in Deutsch! Frag einfach nach, und leg los!

Klassenarbeiten Rechnen mit Größen

Note	Seite 29/30	Seite 31/32	Seite 33/34	Seite 35/36	Seite 37/38	Seite 39/40
1	○	○	○	○	○	○
1,5	○	○	○	○	○	○
2	○	○	○	○	○	○
2,5	○	○	○	○	○	○
3	○	○	○	○	○	○
3,5	○	○	○	○	○	○
4	○	○	○	○	○	○
4,5	○	○	○	○	○	○
5	○	○	○	○	○	○
5,5	○	○	○	○	○	○
6	○	○	○	○	○	○

Klassenarbeiten Textaufgaben

Note	Seite 41/42	Seite 43/44	Seite 45/46	Seite 47/48	Seite 49/50	Seite 51/52
1	○	○	○	○	○	○
1,5	○	○	○	○	○	○
2	○	○	○	○	○	○
2,5	○	○	○	○	○	○
3	○	○	○	○	○	○
3,5	○	○	○	○	○	○
4	○	○	○	○	○	○
4,5	○	○	○	○	○	○
5	○	○	○	○	○	○
5,5	○	○	○	○	○	○
6	○	○	○	○	○	○

Klassenarbeiten Geometrie

Note	Seite 53/54	Seite 55/56	Seite 57/58	Seite 59/60	Seite 61/62	Seite 63/64
1	○	○	○	○	○	○
1,5	○	○	○	○	○	○
2	○	○	○	○	○	○
2,5	○	○	○	○	○	○
3	○	○	○	○	○	○
3,5	○	○	○	○	○	○
4	○	○	○	○	○	○
4,5	○	○	○	○	○	○
5	○	○	○	○	○	○
5,5	○	○	○	○	○	○
6	○	○	○	○	○	○

Name:	**Klasse:**	**Datum:**

1 Trage die Angaben in die Stellenwerttafel ein, und schreibe die Zahlen auf.

M	HT	ZT	T	H	Z	E	Zahl

a) 4 Z, 3 T, 8 ZT, 4 H, 1 E
b) 6 T, 1 M, 2 E, 3 Z, 7 ZT
c) 4 E, 3 HT
d) 1 M, 3 HT, 4 H, 5 E, 6 Z
e) 3 E, 2 Z, 9 T, 6 ZT, 1 HT
f) 9 T, 3 H

6 P.

2 Überlege, und bringe diese Angaben in der Stellenwerttafel unter.

M	HT	ZT	T	H	Z	E	Zahl

a) 14 E
b) 21 Z
c) 28 H
d) 35 T
e) 42 ZT
f) 49 HT

6 P.

3 Schreibe die passenden Zahlen in die Kästchen.

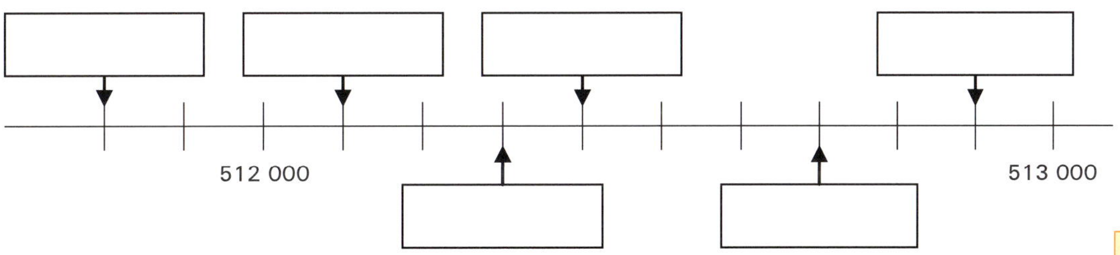

6 P.

4 Teile auf einem Extrablatt einen Zahlenstrahl von 18 000 bis 26 000 ein (1 cm für 1 000), und trage die folgenden Zahlen ein. Benutze dein Lineal.

a) 18 400 b) 22 000 c) 24 600 d) 24 800 e) 25 200 f) 25 900

6 P.

5 Notiere zu den folgenden Zahlen die Nachbarzahlen, Nachbarzehner, Nachbarhunderter und Nachbartausender.

Nachbar-tausender	Nachbar-hunderter	Nachbar-zahl	Zahl	Nachbar-zahl	Nachbar-hunderter	Nachbar-tausender
			21 210			
			3 056			
			120 719			
			1 034 298			

24 P.

6 Bilde alle fünfstelligen Zahlen, die die Quersumme 16 haben und kleiner sind als 13 000. Ziffern dürfen nicht doppelt vorkommen. Auch die Null darf nicht vorkommen.

7 P.

7 Welche Zahl liegt genau in der Mitte zwischen:

a) 127 000 und 128 000 ______________

b) 16 400 und 16 800 ______________

c) 7 030 und 7 010 ______________

d) 1 200 000 und 1 700 000 ______________ ?

4 P.

8 Runde die Zahlen auf

a) volle Zehner: 167 ≈ ________; 1 672 ≈ ________; 16 725 ≈ ________

b) volle Tausender: 167 253 ≈ ______________;

1 672 530 ≈ ______________

5 P.

9 Verbinde jeweils eine Zahl mit der auf 100er gerundeten Zahl durch einen Pfeil.

27 345   27 000   27 458   27 200   27 116   27 400

27 100   27 385   27 300   27 010   27 243   27 500

6 P.

In dieser Klassenarbeit habe ich [ ] Punkte von insgesamt 70 Punkten erreicht.
Das entspricht der Note [ ]. (Schau in den Lösungen auf Seite 3 nach.)

Name:	Klasse:	Datum:

1 a) Suche dir von den 5 Zahlen unten immer drei Zahlen so aus, dass ihre Summe eine Zehnerzahl ergibt. (Wie viele Additionsaufgaben kannst du bilden?)

834 2 007 12 741 85 9 248

b) Addiere die Ergebnisse von a), und du erhältst eine 1 000er-Zahl.

3 P.

2 Rechne im Kopf. Erleichtere dir die Arbeit durch geschicktes Rechnen!

2 349 + 115 + 401 = ____________

455 + 1 012 + 3 035 + 28 = ____________

888 + 1 417 + 333 + 422 = ____________

3 P.

3 Bilde mit jeweils zwei Zahlen Aufgaben, deren Summe immer 560 ist. Male die Felder, die zusammengehören, in derselben Farbe an.

328	392	222	403
157	533	232	338
168	453	107	27

6 P.

4 Setze die fehlenden Zahlen ein.

a)

	4	8	2	2
+				
	6	2	8	8

b)

+		4	9	7
	8	1	0	2

c)

		2		3
+	4		5	
	7	8	9	9

d)

		2	5	9
+	3		2	1
+	1	6		4
	6	6	6	

e)

	3	3	2	
+	4	2		1
+	1		4	9
		4	4	4

f)

				9
+	4	0	6	
+			9	9
		4	1	1

6 P.

5 Zwei Gleichungen: Welche Zahlen können es jeweils sein? Notiere alle!

2 __ 8 + 3 __ 6 = 664

4 __ 4 + 7 __ 7 = 1 221

Deine Ergebnisse:

12 P.

6 Zu welchen Aufgaben passen die folgenden Übertragszahlen jeweils? Trage sie ein.

Übertragszahlen: 1 2 3 | 3 1 1 | 2 1 3 | 3 1 2

a)	b)	c)	d)
3 517	409	6 017	778
+ 1 962	+ 4 618	+ 1 248	+ 1 904
+ 930	+ 458	+ 1 567	+ 804
+ 2 841	+ 3 629	+ 189	+ 2 634
9 250	9 114	9 021	6 120

4 P.

7 Welche der folgenden Sätze sind falsch? Streiche sie durch.

a) Die Übertragszahl bei einer schriftlichen Addition darf höchstens drei sein.

b) Die Summe von 4 dreistelligen Zahlen über 250 ist immer eine vierstellige Zahl.

c) Die größte mögliche Summe von 4 dreistelligen Zahlen beträgt 3 996.

d) Die kleinste Summe von 3 dreistelligen Zahlen beträgt 301.

4 P.

In dieser Klassenarbeit habe ich ______ Punkte von insgesamt 38 Punkten erreicht.

Das entspricht der Note ______. (Schau in den Lösungen auf Seite 4 nach.)

Name:	Klasse:	Datum:

1

Subtrahiere nach folgendem Muster oder nach deinen eigenen Überlegungen.
Fällt dir etwas auf?

Muster: 864 – 198 = 864 – 200 + 2 = 666

a) 763 – 97 = ______ – ______ + ___ = ______

b) 962 – 296 = ______ – ______ + ___ = ______

c) 963 – 298 = ______ – ______ + ___ = ______

d) 762 – 96 = ______ – ______ + ___ = ______

4 P.

2

Wie viele Subtraktionsaufgaben (immer nur mit jeweils 2 Zahlen) kannst du mit den folgenden Zahlen durchführen? Rechne sie auf einem Extrablatt aus.

2 345 2 355 2 445 2 055 2 145

a) Anzahl der möglichen Subtraktionsaufgaben: ______________________________

b) Notiere hier die Lösungen deiner Rechnungen:

____

____

11 P.

3

Welches Symbol steht für welche Zahl? Rechne die Aufgaben.

a) 368 – ☼ = 265

b) ☼ – 93 = ☺

c) ☼ – ☺ = 💡

d) 1 283 – 💡 – ☺ = ☾

e) ☾ – ☼ – 💡 – ☺ = ______

☼ = ______

☺ = ______

💡 = ______

☾ = ______

5 P.

4 Subtrahiere im Kopf von 2 673.

a) 552 und 11 ________ b) 229 und 134 ________ c) 85 und 88 ________ d) 377 und 126 ________

	4 P.

5 Schreibe untereinander, und subtrahiere schriftlich. Subtrahiere vom Ergebnis immer wieder 1 819, bis es nicht mehr geht.

$$\begin{array}{r} 14552 \\ -\ 1819 \\ \hline \end{array}$$

	8 P.

6 Finde die sechs Fehler in den Aufgaben, und korrigiere sie. Wähle die Subtraktionsmethode, die du kennst.

a) $\begin{array}{r} 55628 \\ -\ 6334 \\ {}_{1}\ \ \ \ \\ \hline 49395 \end{array}$ oder: $\begin{array}{r} \overset{4}{\cancel{5}}5628 \\ -\ 6334 \\ \hline 49395 \end{array}$ b) $\begin{array}{r} 320456 \\ -\ 31229 \\ {}_{1}\ \ \ \ \\ \hline 299227 \end{array}$ oder: $\begin{array}{r} \overset{2}{\cancel{3}}20456 \\ -\ 31229 \\ \hline 299227 \end{array}$

	6 P.

7 Welche der folgenden Sätze sind falsch? Streiche sie durch.

a) Von 10 000 kann man 5-mal die gleiche vierstellige Zahl subtrahieren und erhält 0.

b) Wenn man von 1 000 die Hälfte subtrahiert und von der Differenz wieder die Hälfte usw., dann kommt schließlich 125 heraus.

c) Wenn man von 128 die Hälfte subtrahiert und von der Differenz wieder die Hälfte usw., dann kommt schließlich 1 heraus.

d) Man benötigt zur Lösung von Aufgabe b) genauso viele Rechenschritte wie zur Lösung von Aufgabe c).

	4 P.

In dieser Klassenarbeit habe ich ☐ Punkte von insgesamt 42 Punkten erreicht.
Das entspricht der Note ☐. (Schau in den Lösungen auf Seite 5 nach.)

Name:	**Klasse:**	**Datum:**

1 Rechne zuerst die folgenden Aufgaben auf den Rechenkästchen aus. Überprüfe dann die Behauptungen, und kreuze an. Notiere die Aufgaben so, dass du mit dem Platz auskommst.

a) 33 · 148

Behauptung A: 34 · 148 = 5 032 stimmt ☐ falsch ☐

Behauptung B: 33 · 149 = 4 817 stimmt ☐ falsch ☐

b) 25 · 409

Behauptung A: 24 · 410 = 25 · 409 stimmt ☐ falsch ☐

Behauptung B: 24 · 409 = 9616 stimmt ☐ falsch ☐

c) 63 · 663

Behauptung A: 63 · 664 = 41 832 stimmt ☐ falsch ☐

Behauptung B: Das Ergebnis von 66 · 636 enthält die gleichen Ziffern wie das Ergebnis von 63 · 663. stimmt ☐ falsch ☐

9 P.

2 Ergänze die fehlenden Angaben.

a)
3 _ 5 · 7
_ 2 4 1

b)
6 _ 0 · 7
_ _ 6 0

c)
4 _ 8 · 5
_ _ 1 9

d)
4 _ 7 · 5
_ 4 3

4 P.

3 Mit welcher Zahl wurde multipliziert? Setze ein.

a) 236 · ______ =	16 520	7	40	400	70
b) 809 · ______ =	16 180	200	2	20	40
c) 968 · ______ =	484 000	40	500	400	50
d) 177 · ______ =	15 930	90	800	200	60
e) 639 · ______ =	5 751	7	70	700	9
f) 491 · ______ =	39 280	60	80	300	40

6 P.

4

a) Multipliziere das Ergebnis jeweils mit 3.

2 3 7 · 3 | · 3 | · 3 | · 3

Und jetzt zum Endergebnis mit nur einer Rechnung.

2 3 7 ·

b) Multipliziere das Ergebnis mit 3, 4 und 5.

1 7 4 · 2 | · 3 | · 4 | · 5

Und jetzt zum Endergebnis mit nur einer Rechnung.

1 7 4 ·

c) Multipliziere das Ergebnis mit 5, 2 und 5.

7 3 5 · 2 | · 5 | · 2 | · 5

Und jetzt zum Endergebnis im Kopf.

735 · ______ = __________

15 P.

5

Überschlage.

a) 421 · 7 Überschlag: ______ · __ = __________

Streiche das Unzutreffende durch:
Das Ergebnis der Aufgabe wird etwas größer / kleiner sein als das Überschlagsergebnis.

b) 678 · 4 Überschlag: ______ · __ = __________

Streiche das Unzutreffende durch:
Das Ergebnis der Aufgabe wird etwas größer / kleiner sein als das Überschlagsergebnis.

4 P.

In dieser Klassenarbeit habe ich ☐ Punkte von insgesamt 38 Punkten erreicht.
Das entspricht der Note ☐. (Schau in den Lösungen auf Seite 6 nach.)

Klassenarbeit Arithmetik: Division

Name:	Klasse:	Datum:

1 Die folgenden Divisionsaufgaben haben alle einen Rest. Löse sie, und schreibe jeweils die nächstgrößere Zahl auf, die ohne Rest teilbar wäre.

a) 1 1 7 5 8 : 8 =

b) 7 9 2 6 : 7 =

Ohne Rest teilbar wäre

bei a) ____________________

bei b) ____________________

4 P.

2 Zu vier Divisionsaufgaben wurden die folgenden Proben gemacht. Schreibe die passenden Divisionsaufgaben auf, und löse sie schriftlich.

a) $329 \cdot 7 = 2303$ $2303 + 4 = 2307$

b) $906 \cdot 9 = 8154$ $8154 + 3 = 8157$

c) $554 \cdot 8 = 4432$ $4432 + 5 = 4437$

d) $267 \cdot 6 = 1602$ $1602 + 5 = 1607$

4 P.

3 Folgende Aufgaben wurden falsch gelöst. Korrigiere.

a) 17864 : 5 = 3672 R 4
15
38
35
36
35
14
10
4

b) 27031 : 9 = 303 R 4
27
00
0
03
0
31
27
4

c) 9630 : 7 = 137 R 4
7
26
21
53
49
4

3 P.

4 Rechne im Kopf.

a) 33 694 : 3 = ______________ R ____

b) 27 187 : 3 = ______________ R ____

c) 24 329 : 3 = ______________ R ____

d) 49 219 : 7 = ______________ R ____

e) 82 483 : 8 = ______________ R ____

f) 45 356 : 5 = ______________ R ____

12 P.

5 Wenn du die Lösungen für falsch hältst, begründe!

a) 288 : 3 = 96

____

____

b) 7 066 : 7 = 1 009 R 8

____

____

c) 44 563 : 4 = 11 140 R 4

____

____

d) 13 333 : 3 = 444 R 1

____

____

4 P.

6 Löse zunächst die Aufgabe. Dividiere anschließend jeweils durch das 10-fache. (Arbeite auf einem Extrablatt mit Rechenkästchen.)

a) 38 160 : 4 = ______________ 38 160 : 40 = ______________

b) 140 700 : 6 = ______________ 140 700 : 60 = ______________

c) 488 880 : 9 = ______________ 488 880 : 90 = ______________

d) 699 780 : 3 = ______________ 699 780 : 30 = ______________

4 P.

In dieser Klassenarbeit habe ich ☐ Punkte von insgesamt 31 Punkten erreicht.

Das entspricht der Note ☐. (Schau in den Lösungen auf Seite 7 nach).

Name:	Klasse:	Datum:

1 Setze die passenden Rechenzeichen und Klammern ein.

a) 4250 __ 2 __ 100 = 8 600

4250 __ 2 __ 50 = 221 000

b) 128 __ 2 __ 2 = 260

128 __ 2 __ 2 = 132

c) 537 __ 33 __ 3 = 548

537 __ 33 __ 3 = 190

6 P.

2 Welches ist das kleinste Ergebnis, welches das größte, das du mit den drei Zahlen erzielen kannst? Dabei muss in jeder Aufgabe eine Punktrechenart und eine Strichrechenart vorkommen. Klammern kannst du auch einsetzen.

So lautet das kleinste Ergebnis: 44 __ 11 __ 11 = ______

So lautet das größte Ergebnis: 44 __ 11 __ 11 = ______

4 P.

3 a) Finde zwischen 1 und 100 alle Zahlen mit der Quersumme 7. Ziffern dürfen nicht doppelt vorkommen. Auch die Null darf nicht vorkommen.

____

b) Gleiche Aufgabe wie a) nur mit den Zahlen zwischen 100 und 200.

____

4 P.

4 Ergänze die fehlende Zahl bei den folgenden Aufgaben.

a)

+	2	3	3	9
	4	1	0	8

b)

	4	5	3	7
+				
	6	0	4	3

c)

		9	2	5
+				
	1	8	1	7

d)

	5	4	3	5
−				
	3	8	9	3

e)

−		5	2	9
	5	7	0	4

f)

−	5	7	2	8
	4	1	4	1

6 P.

5 Subtrahiere von 100 die 1; vom Ergebnis das Doppelte, die 2; vom Ergebnis wieder das Doppelte, die 4 usw., bis es nicht mehr geht.

a) Wie viele Aufgaben kannst du mit dieser Regel rechnen?

b) Beginne nun mit 200. Wie viele Aufgaben kannst du nun rechnen? Sind es etwa doppelt so viele?

4 P.

6 Rechne auf einem Extrablatt aus.

$217 \cdot 3 =$ ______________

Das Ergebnis $\cdot\ 4 =$ ______________

Das Ergebnis $\cdot\ 5 =$ ______________ usw., solange die Ergebnisse unter 100 000 bleiben.

Notiere die Ergebnisse hier:

____

5 P.

7 Bilde mit den Ziffern dreistellige Zahlen, die ohne Rest durch 3 teilbar sind.

5 3 7 9

12 P.

In dieser Klassenarbeit habe ich ☐ Punkte von insgesamt 41 Punkten erreicht.

Das entspricht der Note ☐. (Schau in den Lösungen auf Seite 8 nach.)

Name:	Klasse:	Datum:

1 Bilde mit den Ziffern 4, 5, 7, 9 alle Beträge, die kleiner als 50 € sind, und sortiere sie nach der Größe in die Stellenwerttafel ein. Beginne mit dem kleinsten Betrag.

10 €	1 €	10 ct	1 ct

6 P.

2 Teile 120,24 € durch 2, 3, 4, 6 und 8. Wenn der Platz unten für deine Rechnungen nicht ausreicht, benutze ein zusätzliches Blatt.

5 P.

3 Verdoppele 12,34 € und dann jeweils das Ergebnis so oft, bis ein Euro-Betrag entsteht, der um 10,24 € geringer ist als 800 €.

7 P.

4 Ergänze die fehlenden Angaben in der Preistabelle.

Bleistifte	5	10	1		
Preis (€)	2,95			1,77	4,72

4 P.

5 Korrigiere die mit einem Kreuz gekennzeichneten Angaben in der folgenden Preistabelle.

Radierer	10	12 ✗	4 ✗	30	1
Preis (€)	8,50	9,35	34,00	17,00 ✗	85 ✗

4 P.

6 Herr Fritz hat ein großes Fernsehgerät zu 1 540 € mit 500 € angezahlt. Den Rest will er in 8 gleich großen Raten zu je 30 € abbezahlen. Wie ist deine Einschätzung?

- ☐ Ja, so kann er das Gerät ganz bezahlen.
- ☐ Das ist viel zu wenig Geld.
- ☐ Er müsste pro Monat mehr als 5-mal so viel bezahlen.
- ☐ Mit 30 € pro Monat müsste er mehr als 34 Monate lang bezahlen.

4 P.

7 Welche Einschätzungen passen? Kreuze an.

Ein Karton mit 12 Joghurtbechern kostet ungefähr 10 €. ja ☐ nein ☐

Er kostet genau ________ €.

Meine 5 € reichen für 6 Schlüsselanhänger. ja ☐ nein ☐

Sie kosten genau ________ €.

Wenn die Lehrerin den Flohmarkterlös von 57,60 € auf die 4 ersten Klassen gleichmäßig verteilt, bekommt jede Klasse ungefähr 18 €. ja ☐ nein ☐

Jede Klasse bekommt genau ____________ €.

6 P.

In dieser Klassenarbeit habe ich ☐ Punkte von insgesamt 36 Punkten erreicht.

Das entspricht der Note ☐. (Schau in den Lösungen auf Seite 9 nach).

Name:	Klasse:	Datum:

1 Vom Treppenhaus der Schule bis zu Iris' Klassenraum sind es 38 m. Diese Strecke geht sie täglich 6-mal. Nach wie vielen Tagen hat sie mindestens 1 km zurückgelegt?

Rechnung:

Antwort: ______________________

____

____

4 P.

2 Wie viele Kilometer sind das?

1 200 m + 1,4 km + 333 m + 10 004 m + 17,500 km + 1 m + 18 m + 7,548 km

3 P.

3 Der Wanderweg über alle Stationen von A zurück nach A ist 4 km und 260 m lang. Ergänze die fehlenden Werte.

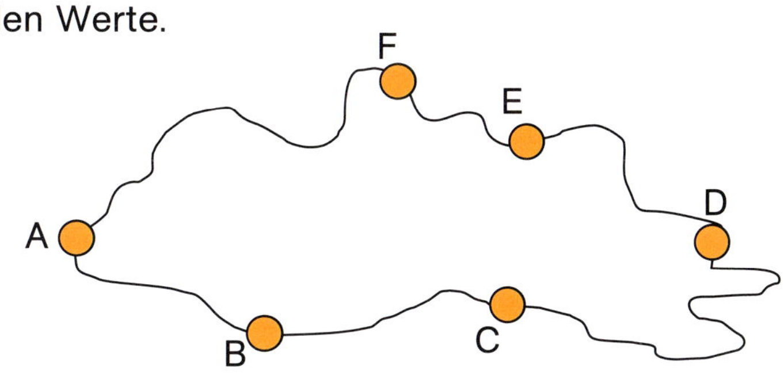

Von A nach B = 10 m weniger als von D nach E = ____________ km

Von B nach C = 0,670 km

Von C nach D = ____________ km

Von D nach E = gleiche Strecke wie von B nach C = ____________ km

Von E nach F = 0,390 km

Von F nach A = gleiche Strecke wie von C nach D = ____________ km

6 P.

4 Nummeriere die Namen der Kinder in der Reihenfolge ihrer Körpergröße. Beginne mit dem kleinsten Kind.

◯ Andy: 1 m 32 cm

◯ Maria: 135 cm

◯ Kathrin: 1,27 m

◯ Wolf: 109 cm

◯ Kalle: 100 cm 30 mm

◯ Anja: 120 cm 11 mm

	6 P.

5 Schätze die folgenden Behauptungen ein:

	kann gut sein	ist unwahrscheinlich
a) Mein Bleistift ist 25 mm breit.	☐	☐
b) Ein Passagierflugzeug ist 4 200 cm lang.	☐	☐
c) Mein Vater ist 135 mm groß.	☐	☐
d) Ein Hamster kann bis zu 30 mm groß werden.	☐	☐
e) Das Auto meiner Mutter ist 4 225 mm lang.	☐	☐

	5 P.

6 Die Ausmaße von Autos werden in den Fahrzeugbriefen meist in mm angegeben. Wandle in m um:

Auto von Herrn Müller:

Länge: 4 770 mm = ____________ m

Breite: 1 800 mm = ____________ m

Höhe: 1 420 mm = ____________ m

Auto von Herrn Schmitz:

Länge: 3 850 mm = ____________ m

Breite: 1 670 mm = ____________ m

Höhe: 1 380 mm = ____________ m

	6 P.

In dieser Klassenarbeit habe ich ☐ Punkte von insgesamt 30 Punkten erreicht.
Das entspricht der Note ☐. (Schau in den Lösungen auf Seite 10 nach.)

Name:	Klasse:	Datum:

1

a) Schreibe als kg (Kommazahl):

1 kg 300 g	30 g	3 g	10 kg 10 g	12 g	3 000 g	250 g	$\frac{1}{2}$ kg

b) Trage die Gewichte der Größe nach sortiert in die Stellenwerttafel ein. Beginne mit dem kleinsten Gewicht.

10 kg	1 kg	100 g	10 g	1 g

16 P.

2

Eine leere 1-l-Wasserflasche aus Kunststoff wiegt 36 g. 1 Liter Wasser wiegt 1 kg. Im Regal des Ladens stehen 12 volle Wasserflaschen. Zusammen wiegen sie ________________ kg. Zwei Stunden später fehlen 3 Flaschen. Das Gewicht der restlichen Flaschen beträgt ________________ kg. Eine der restlichen Flaschen wird aus Versehen beschädigt. Die Hälfte des Wassers fließt heraus. Diese Flasche wiegt nur noch ________________ kg. Der Ladenbesitzer entfernt die beschädigte Flasche und stellt 10 volle zusätzlich ins Regal. Alle Flaschen im Regal wiegen zusammen ________________ kg.

Hier kannst du rechnen. Wenn du mehr Platz brauchst, benutze ein Extrablatt!

10 P.

3 Wie viel Mal muss der Kran jeweils Ladung aufnehmen, bis der Lkw leer ist?

Traglast des Krans	5,4 t	3,9 t	4,2 t	3 t
Gewicht der Lkw-Ladung	15 580 kg	3 090 kg	4 300 kg	3 000 kg
Anzahl der Arbeitsgänge des Krans				

4 P.

4 Wandle in t um, und addiere dann die Gewichte.

1 700 kg 350 kg 49 kg 2 t 1 kg 6 000 kg 1 kg

7 P.

5 Ordne die Gewichte der Größe nach. Beginne mit dem kleinsten.

4 kg 1,900 kg 1 800 g $\frac{1}{2}$ t 1 200 kg 500 g $\frac{1}{4}$ kg 300 g

____

8 P.

6 Ergänze die passenden Größenangaben.

Eine Tafel Schokolade wiegt 100 _____.

Vier 10-jährige Kinder wiegen 100 _____.

Vier große Lkw können zusammen 100 _____ Ladung transportieren.

Vier Schultaschen wiegen zusammen 10 000 _____.

Zehn 10-jährige Kinder wiegen $\frac{1}{4}$ _____.

Ein Brief wiegt 0,020 _____.

6 P.

In dieser Klassenarbeit habe ich ☐ Punkte von insgesamt 51 Punkten erreicht.

Das entspricht der Note ☐. (Schau in den Lösungen auf Seite 11 nach.)

Name:	Klasse:	Datum:

1 Ergänze immer auf 1 Liter.

450 ml + ______ ml = 1 l	1 450 ml − ______ ml = 1 l
45 ml + ______ ml = 1 l	1 060 ml − ______ ml = 1 l
104 ml + ______ ml = 1 l	3 001 ml − ______ ml = 1 l
0,250 l + ______ l = 1 l	2,123 l − ______ l = 1 l
0,040 l + ______ l = 1 l	5,047 l − ______ l = 1 l
0,007 l + ______ l = 1 l	7,002 l − ______ l = 1 l

12 P.

2 Wie viel Liter sind es? Benutze für deine Rechnungen ein Extrablatt.

a) 3 l 120 ml + 0,950 l + 1 222 ml + 708 ml

b) 14 l 200 ml − 8,459 l + 259 ml

c) 1,011 l + 130 ml + 8 l − 3 l 141 ml

d) 13 525 ml − 12 l + 4,475 l

8 P.

3 Lara hat 200 ml weniger getrunken als Lisa. Lisa hat halb so viel getrunken wie Markus. Markus hat 300 ml mehr getrunken als Tim. Tim hat 1 600 ml Wasser getrunken. Wie viel Liter Wasser hat jedes Kind getrunken?

Rechnung:

Antwort: ______

4 P.

4 Fülle die Lücken aus.

750 ml	750 ml	750 ml	750 ml	800 ml
3 Becher zu je ml	5 Becher zu je ml	6 Becher zu je ml	____ Becher zu je 75 ml	____ Becher zu je 200 ml

5 P.

5 Eine Kühltheke ist am Morgen mit 25 Milchtüten zu je 0,5 l Milch und 14 Tüten zu je 0,25 l Milch gefüllt.

a) Wie viel Liter Milch befinden sich in der Theke?

b) Am Mittag sind von jeder Sorte nur noch 6 Tüten vorhanden. Wie viel Liter Milch wurden insgesamt verkauft?

Rechnungen:

Antworten: ______________________________

____

8 P.

6 Wenn du am 1. Tag 250 ml Wasser in ein Gefäß füllst, in das insgesamt 1,5 Liter passen und an jedem folgenden Tag je 125 ml, wann ist das Gefäß dann voll?

Rechnung:

Antwort: ______________________________

4 P.

7 Fülle die Lücken aus.

Hände waschen	Wasserverbrauch ml
1	625
2	
4	
	5 000
11	
	7 500

5 P.

In dieser Klassenarbeit habe ich ☐ Punkte von insgesamt 46 Punkten erreicht.

Das entspricht der Note ☐. (Schau in den Lösungen auf Seite 12 nach.)

Name:	Klasse:	Datum:

1 Fülle die Lücken in der Tabelle aus.

Tage	h	min
2		
	72	
		5 760

15 P.

2 Die Bahn fährt alle 25 Minuten. Fülle den Fahrplan weiter aus.

Station 1	16.35 Uhr		17.25 Uhr		18.15 Uhr
Station 2	16.41 Uhr				
Station 3	16.53 Uhr				
Station 4	17.01 Uhr				

14 P.

3 Eine Bahn erreicht Station 4 um 18.19 Uhr. Sie hat sich um wenige Minuten verspätet. Um wie viele genau?

____

2 P.

4 Wandle die Angaben in Minuten um, und ordne sie nach der Größe. Beginne mit der kleinsten.

1 h 11 min	660 s	$2\frac{1}{2}$ h	2 400 s	1 h 1 380 s

Sortieren:

________ ________ ________ ________ ________

6 P.

5 Jens Mutter fährt ihn mit dem Auto zum Schwimmbad. Das ist 9 km entfernt. Sie benötigt 12 Minuten. Mit dem Fahrrad braucht Jens $\frac{1}{2}$ Stunde. Jens Vater benötigte einmal für die Strecke 10 Minuten. Mit dem Bus wäre er 20 Minuten unterwegs.
Berechne, wie schnell die vier Fahrzeuge jeweils fahren. Die Geschwindigkeit wird in km/h (Kilometer pro Stunde) angegeben.

Jens Mutter fährt 9 km in 12 min. In 60 min wäre sie ________ weit gekommen. Sie fährt also mit einer Geschwindigkeit von ________ km/h.

Jens fährt 9 km ____

____

____

____

____

____

____

| | 8 P. |

6 Berechne die Geschwindigkeiten (km/h).

100 m pro min = ____________ m pro h (m/h) = ________ km pro h (km/h)

400 m pro min = ____________ m pro h (m/h) = ________ km pro h (km/h)

850 m pro min = ____________ m pro h (m/h) = ________ km pro h (km/h)

875 m pro min = ____________ m pro h (m/h) = ____,____ km pro h (km/h)

925 m pro min = ____________ m pro h (m/h) = ____,____ km pro h (km/h)

980 m pro min = ____________ m pro h (m/h) = ____,____ km pro h (km/h)

| | 12 P. |

7 Berechne die Geschwindigkeiten (km/h).

5 m pro s = ______ m pro min (m/min) = __________ m pro h (m/h) = _____ km/h

15 m pro s = ______ m pro min (m/min) = __________ m pro h (m/h) = _____ km/h

20 m pro s = ______ m pro min (m/min) = __________ m pro h (m/h) = _____ km/h

25 m pro s = ______ m pro min (m/min) = __________ m pro h (m/h) = _____ km/h

30 m pro s = ______ m pro min (m/min) = __________ m pro h (m/h) = _____ km/h

35 m pro s = ______ m pro min (m/min) = __________ m pro h (m/h) = _____ km/h

| | 18 P. |

In dieser Klassenarbeit habe ich ☐ Punkte von insgesamt 75 Punkten erreicht.
Das entspricht der Note ☐. (Schau in den Lösungen auf Seite 13 nach.)

Name:	Klasse:	Datum:

1

a) Bilde mit den Ziffern 1, 3, 5, 9 alle Euro-Beträge, die größer als 15 € und kleiner als 50 € sind. In jedem Betrag müssen immer alle vier Ziffern vorhanden sein.

b) Sortiere die Beträge nach der Größe. Beginne mit dem kleinsten.

c) Addiere alle Beträge, die kleiner als 30 € sind.

d) Addiere alle Beträge, die größer als 30 € sind.

e) Dividiere alle Beträge durch 3. Benutze dazu ein Extrablatt.

	25 P.

2

Berechne die Länge des Wanderweges von Familie Breuer in km.

zu Station 1: 1,2 km; **zu Station 2:** 425 m; **zu Station 3:** 2 km 28 m; **zu Station 4:** 1 000 m; noch einmal zurück zu Station 2 (Brille vergessen); wieder zu Station 4 und zum Parkplatz 1 km 144 m.

	3 P.

3 Kathrin behauptet, dass die Summe der beiden Gruppen jeweils gleich ist. Überprüfe das.

Gruppe 1:	**Gruppe 2:**
68 kg	2 004 kg
2 t 18 kg	12 kg
11 000 g	81 000 g

4 P.

4 Welche Angaben stimmen nicht? Streiche sie durch.

Ein Hamster wiegt 3 kg. Eine Luftmatratze wiegt 3 kg. Ein Buch wiegt 6 000 kg.

Ein Spielwürfel wiegt 25 g. $\frac{1}{4}$ l Wasser wiegt 250 g. Papas Auto wiegt 100 kg.

6 P.

5 Fülle die Lücken aus. Rechne auf einem Extrablatt.

Duschen	1-mal	7-mal			52-mal		26-mal
Wasserverbrauch	32 l		128 l	1 280 l		3 328 l	

6 P.

6 Die gleichmäßige Geschwindigkeit eines Flugzeuges beträgt 756 km/h.

Berechne die Kilometerleistung in 5 Minuten; 10 Minuten; $\frac{1}{4}$ Stunde; 20 Minuten; $\frac{1}{2}$ Stunde; 45 Minuten; 1 Stunde 30 Minuten; 2 Stunden. Benutze ein Extrablatt.

8 P.

7 Eine Bahn braucht von Station zu Station immer dieselbe Zeit. Sie fährt an Station 1 um 16.27 Uhr ab und kommt an Station 8 um 19.15 Uhr an. Vervollständige den Plan.

Rechnung:

Station 1	16.27 Uhr
Station 2	
Station 3	
Station 4	
Station 5	
Station 6	
Station 7	
Station 8	19.15 Uhr

8 P.

In dieser Klassenarbeit habe ich ☐ Punkte von insgesamt 60 Punkten erreicht.

Das entspricht der Note ☐. (Schau in den Lösungen auf Seite 14 nach.)

Name:	**Klasse:**	**Datum:**

1 Frau Müller macht mit den 24 Kindern ihrer Klasse einen Ausflug mit dem Schiff. An der Kasse kauft sie die Karten für sich, 2 Mütter, die sie begleiten, und die Kinder.

Frage: ______________________________

Rechnung:

Antwort: ______________________________

____

5 P.

2 17 Kinder der Klasse 4a haben für diesen Monat Kakao zu je 2,70 € bestellt, 4 Kinder außerdem Milch zu je 2,30 €. Die Lehrerin hat das Geld an den Hausmeister weitergegeben.

Frage: ______________________________

____

Rechnung:

Antwort: ______________________________

____

5 P.

3 Für den Weg vom Schwimmbad zur Haltestelle braucht Kathrin 4 Minuten. Der nächste Bus kommt in 3 Minuten. Die Fahrt wird 16 Minuten dauern. Nach dem Aussteigen muss sie noch 5 Minuten bis zu ihrem Haus gehen.

Frage: ______________________________

Rechne im Kopf!

Antwort: ______________________________

3 P.

4 16 000 Schrauben stellt eine Maschine pro Stunde her. Es sollen insgesamt 400 000 Schrauben hergestellt werden. (Rechne auf einem Extrablatt!)

Frage: ______________________________

____

Antwort: ______________________________

____

	6 P.

5 Sarah hat zu der folgenden Rechnung einen Aufgabentext geschrieben.

Rechnung: 92 € : 4 = 23 €

Sarahs Text: Frau Schmitz kauft für sich und ihre drei Freundinnen Eintrittskarten für ein Musical. Jede Karte kostet 23 €.

a) Warum passt der Text nicht richtig zur Rechnung?

Deine Begründung: ______________________________

____

b) Ändere die Rechnung so ab, dass sie perfekt zu Sarahs Text passt.

Deine Rechnung: ______________________________

	2 P.

6 Welcher Text passt zu dieser Rechnung? Kreuze an.

Rechnung: 57 m · 4 = 228 m
228 m + 5 m = 233 m

- ☐ Herr Meyer will sein quadratisches Grundstück einzäunen. Eine Seite ist 57 m lang. Wie viel m Zaun braucht er insgesamt?
- ☐ Herr Meyer will sein quadratisches Grundstück einzäunen. Eine Seite ist 57 m lang. Zusätzlich will er am Eingangstor (5 m) den Zaun doppelt so stark haben. Wie viel m Zaun braucht er insgesamt?
- ☐ Herr Meyer will sein quadratisches Grundstück einzäunen. 3 Seiten sind 57 m lang. Die vierte Seite ist aber 5 m länger.
- ☐ Herr Meyer will sein quadratisches Grundstück einzäunen. Eine Seite ist 57 m lang. Er bekommt 5 € Preisnachlass, weil er ein guter Kunde ist.

Begründung: ______________________________

____

____

	2 P.

In dieser Klassenarbeit habe ich ☐ Punkte von insgesamt 23 Punkten erreicht.
Das entspricht der Note ☐. (Schau in den Lösungen auf Seite 14 nach.)

Name:	**Klasse:**	**Datum:**

1 Mira hat schon 52 Postkarten aus aller Welt gesammelt.
In den Sommerferien kamen 12 hinzu. Zum Geburtstag im Herbst bekommt sie von ihren Freundinnen $\frac{1}{4}$ der Menge hinzu, die sie bereits hat.
Wie viele Bilder besitzt sie nun insgesamt?

Fülle den Rechenbaum aus. Schreibe nebenan auf die Zeilen, was du jeweils tust.

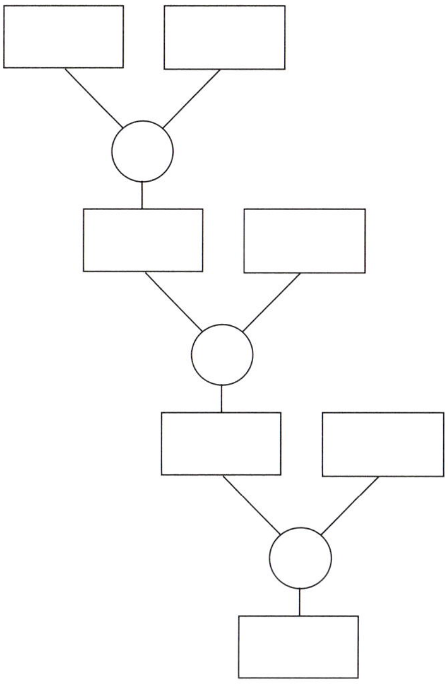

Zuerst addiere ich ______________________

____

____

____

____

____

____

____

____

____

____

____

Antwort: ______________________

5 P.

2 Bäckerei Moritz hat seit 3 Tagen Brötchen im Sonderangebot. Herr Moritz möchte ein Diagramm anfertigen, in dem die Verkaufszahlen zu sehen sind.
Fülle es weiter aus. Nimm ein Lineal zu Hilfe.

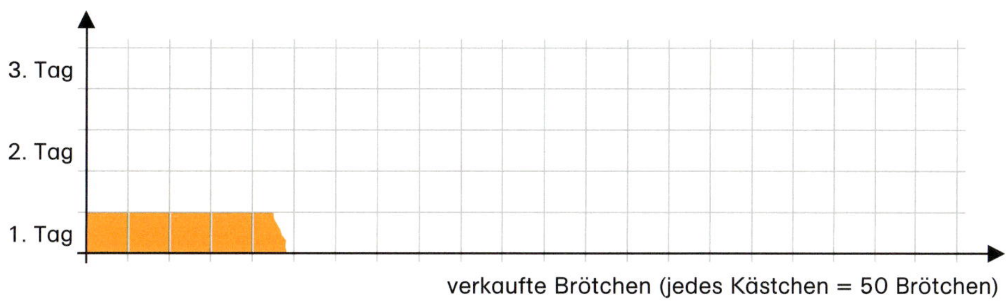

1. Tag – 450 Brötchen
2. Tag – 570 Brötchen
3. Tag – 480 Brötchen

3 P.

3 Fertige ein Säulendiagramm an. Arbeite mit Lineal. Wähle ein geeignetes Maß.

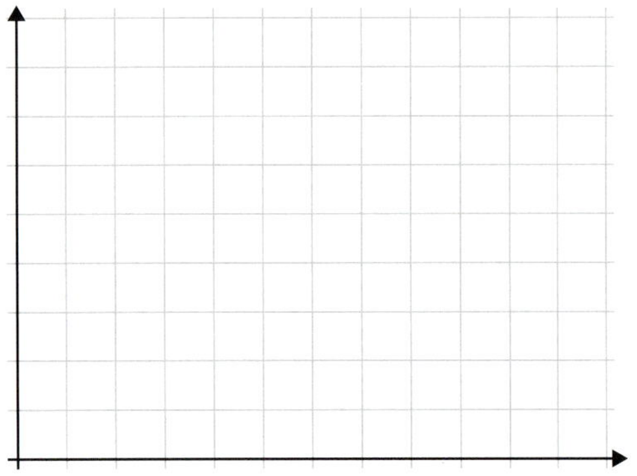

Der Radamateur P. Radel hat 5-mal an der Rundfahrt der Dörfergemeinschaft teilgenommen.
Er schaffte die Strecke

beim 1. Mal in 35 min,
beim 2. Mal in 28 min,
beim 3. Mal in 25 min,
beim 4. Mal in 39 min
und beim letzten Mal in 42 min.

5 P.

4 In der Straße, in der Markus wohnt, wird der Straßenbelag erneuert. Markus fragt jeden Abend den Vorarbeiter, wie viel Meter sie tagsüber geschafft haben und zeichnet es in ein Balkendiagramm ein. Für jeden Meter Straße will er einen Millimeter Balken zeichnen.

a) Wie viel Meter Belag wurden täglich erneuert?
b) Wie viele Tage wurde gearbeitet?
c) Welchen Grund könnte es geben, dass einmal nichts gearbeitet wurde?
d) Wie lang ist die Straße, in der Markus wohnt?

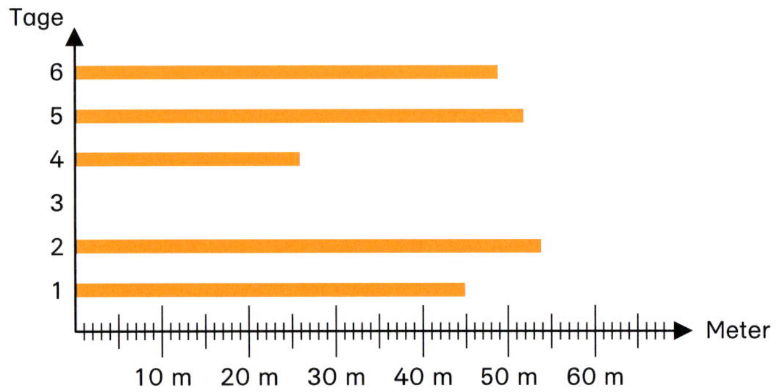

Notiere deine Antworten auf einem Extrablatt.

10 P.

5 Korrigiere den Text so, dass er zum Rechenbaum passt, und schreibe ihn auf ein Extrablatt:

Frau Schürmann hat im Supermarkt
16,24 € bezahlt. Jetzt hat sie noch 33,76 €.
Wie viel Euro hatte sie vor ihrem Einkauf?

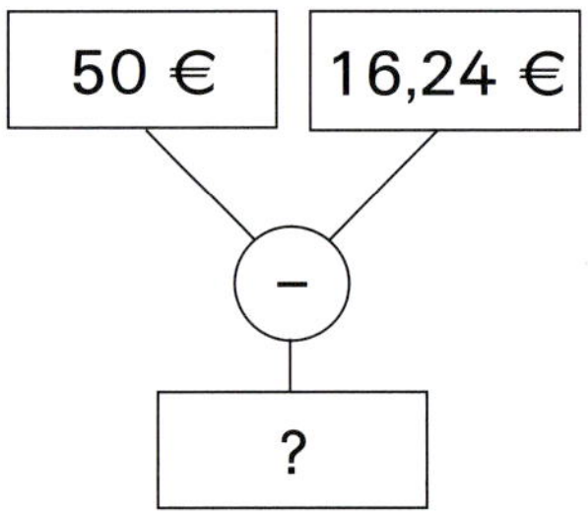

2 P.

In dieser Klassenarbeit habe ich ☐ Punkte von insgesamt 25 Punkten erreicht.
Das entspricht der Note ☐. (Schau in den Lösungen auf Seite 15 nach.)

Name:	Klasse:	Datum:

1 Im Supermarkt zählt der Filialleiter am Abend das Leergut. Es sind 28 Kästen Wasser mit je 12 Flaschen. Wie viele Flaschen sind das?

Rechnung:

Antwort: ______________________________

2 P.

2 An einem anderen Tag findet der Filialleiter 129 einzelne Flaschen, die in Kisten zu je 6 Flaschen gehören. Wie viele Kisten lassen sich ganz füllen?

Rechnung:

Antwort: ______________________________

3 P.

3 Für die Zuschauer wurden in einer Freilichtbühne 6 Sitzplatzblöcke mit je 44 Sitzplätzen aufgestellt. Rechne auf einem Extrablatt, und notiere hier die Antworten.

a) Wie viele Sitzplätze gibt es insgesamt?

b) Wie viele Sitzplätze gäbe es pro Block, wenn man 8 Blöcke einrichten würde, ohne die Gesamtmenge zu verändern?

c) Wie viele Sitzplätze gäbe es in jedem Block, wenn man alle Plätze auf 11 Blöcke verteilen würde?

d) Wenn pro Block 22 Personen sitzen sollten, wie viele Blöcke müsste man dann errichten, sodass immer noch so viele Zuschauer kommen könnten wie bei Aufgabe a)?

Antworten: ______________________________

8 P.

4 Ina hilft ihrem Großvater beim Äpfelpflücken. Der hat 7 gleich große Körbe, in die Ina die Äpfel hineinlegen soll. Als sie mit dem vierten Korb beginnt, zählt sie, wie viele hineinpassen. Es sind 28 Stück.

a) „Wenn überall gleich viele ...", überlegt Ina und rechnet aus, wie viele Äpfel dann wohl in allen Körben insgesamt liegen müssten.

b) Begründe, warum das Ergebnis nur ein ungefähres Ergebnis sein kann.

c) Bei einem zweiten Apfelbaum zählt Ina genau: Es sind hier 174 Äpfel, die sie auf 6 Körbe verteilt. Wie viel Äpfel liegen in jedem Korb, wenn sie gleich verteilt wurden?

Rechne auf einem Extrablatt, und notiere hier die Antworten:

____

____

____

____

____

____

____

| | 6 P. |

5 In der Fabrik werden immer 4 Dosen automatisch in einen Karton verpackt. In einer Stunde kommen 2 642 Dosen vom Band.

a) Wie viele Kartons können damit ganz gefüllt werden?

b) Wie viele Kartons werden in 2 Stunden gefüllt?

c) Die Kartons werden auf Holzpaletten gestapelt. Immer 50 auf eine. Wie viele Paletten braucht man für die Kartons nach 2 Stunden?

Rechne auf einem Extrablatt und notiere hier die Antworten:

____

____

____

____

____

____

____

| | 9 P. |

In dieser Klassenarbeit habe ich ☐ Punkte von insgesamt 28 Punkten erreicht.

Das entspricht der Note ☐. (Schau in den Lösungen auf Seite 16 nach.)

Name:	Klasse:	Datum:

1 a) Welches Angebot ist günstiger?

Rechnung:

Antwort: ______________________

b) Wie viel Cent kannst du beim Kauf von 10 Dosen des günstigeren Angebots sparen?

Rechnung: ______________________

Antwort: ______________________

| | 7 P. |

2 Der Eiffelturm in Paris ist etwa 300 m hoch. Wenn er 20-mal so klein wäre, wie er in Wirklichkeit ist, würde er dann in dein Zimmer passen?

Rechnung:

Antwort: ______________________

| | 2 P. |

3 Paul misst mit dem Lineal die Höhe eines Ziegelsteines aus. Er ist 8 cm hoch.

a) Dann überlegt er, wie viele Steine er übereinanderlegen müsste, um eine Säule zu bekommen, die so groß wie er selbst (128 cm) ist.

Rechnung: ______________________

Antwort: ______________________

b) Könnte er mit 23 Steinen eine Säule bauen, die so groß wie sein Vater (1,89 m) ist?

Rechnung: ______________________

Antwort: ______________________

| | 5 P. |

4 Der mit Sand beladene Lkw steht auf der Waage. Sie zeigt: 16 744 kg.
(Rechne auf einem Extrablatt.)

Frage: ______________________________

Antwort: ______________________________

____

____

____

____

4 P.

5 a) Jeden Abend öffnet Gärtner Blume den Wasserhahn 7 Minuten lang für seine Bewässerungsanlage. Pro Minute fließen 31 l durch die Leitung.
(Rechne auf einem Extrablatt!)

Frage: ______________________________

Antwort: ______________________________

____

b) Einmal wurde er abgelenkt und stellte den Hahn erst ab, als 310 000 ml Wasser verbraucht waren. Wie viel Minuten war der Hahn geöffnet?

Antwort: ______________________________

c) An 4 besonders heißen Sommertagen verbraucht er doppelt so viel Wasser wie normalerweise. Wie viel Liter sind das für jeden der heißen Sommertage?

Antwort: ______________________________

____

8 P.

6 Pascal hat in genau 32 400 Sekunden Geburtstag. Wie viele Stunden sind das?
Zur Lösung der Aufgabe kannst du diese Tabelle weiter ausfüllen:

Stunden	1	2	3		
Sekunden					

Antwort: ______________________________

6 P.

In dieser Klassenarbeit habe ich ☐ Punkte von insgesamt 32 Punkten erreicht.
Das entspricht der Note ☐. (Schau in den Lösungen auf Seite 17 nach.)

Name:	Klasse:	Datum:

1 Sarah will mit ihrem Fahrrad zuerst eine 16 400 m lange Strecke fahren. Anschließend die Hälfte davon und dann wieder die Hälfte davon und so weiter.

a) Wie oft kann sie das machen, wenn die Strecke immer ohne Rest durch 2 teilbar sein soll?

b) Wie weit ist sie dann gefahren?

Rechnungen:

Antworten: ______________________________

____

____

	8 P.

2 Kurz nach 3 Uhr kamen 4 neue Kinder auf den Spielplatz. Eine halbe Stunde später ging die Hälfte aller Kinder nach Hause. Weitere 10 Minuten danach verließen noch einmal 6 Kinder den Spielplatz. Gegen 4 Uhr kamen aber noch einmal 2 Kinder zurück. Jetzt sind insgesamt 17 Kinder auf dem Spielplatz. Wie viele Kinder waren um 3 Uhr auf dem Spielplatz?

Platz für dein Pfeilbild:

Antwort: ______________________________

____

____

	5 P.

3 Bei der Division einer Zahl durch 8 bekam Max als Ergebnis 319 heraus. Von diesem Ergebnis subtrahierte er 208. Nachdem er dieses Ergebnis schließlich mit 9 multiplizierte, erhielt er 999. Erstelle ein Pfeilbild.

	3 P.

4 Vor 2 Monaten kosteten 5 Schokoriegel im Sonderangebot 4,45 €. Jetzt gibt es ein neues Angebot, eine Maxi-Vorratspackung Schokoriegel mit 18 Stück für 16,02 €. Elfis Mutter überlegt, wie viel Euro ein Riegel damals und heute kostet.

Rechnung:

Antwort: ______________________________

____

	5 P.

5 Iris' Vater ist viermal so alt wie sie selbst. Wenn Iris doppelt so alt sein wird wie jetzt, wird ihr Vater 35 Jahre alt sein.

Wie alt ist Iris jetzt? Wie alt ist ihr Vater jetzt?

Platz für deine Überlegungen:

Antworten: ______________________________

____

	4 P.

In dieser Klassenarbeit habe ich ☐ Punkte von insgesamt 25 Punkten erreicht.

Das entspricht der Note ☐. (Schau in den Lösungen auf Seite 17 nach.)

Name:	Klasse:	Datum:

1 Vater hat einen neuen Fernseher gekauft. Er bezahlt ihn in 8 Raten zu je 52 €.

Frage: ______________________________

Rechnung: ______________________________

Antwort: ______________________________

3 P.

2 Am 12. Januar wird Marie 10 Jahre alt. Das ist in genau 2 Monaten. Ihr Bruder Andreas wird morgen 7 Jahre alt.

Zu dieser Aufgabe machten Schüler folgende Aussagen. Welche passen zum Text? Kreuze an, und begründe unten.

- ☐ Andreas hat im November Geburtstag.
- ☐ Andreas hat nicht im November Geburtstag, weil heute nicht November ist.
- ☐ Man kann nicht sagen, in welchem Monat Andreas Geburtstag hat, weil die Monate ja verschieden lang sind.

Deine Begründung: ______________________________

____

2 P.

3 Markus zählt eine Woche lang, wie viele Autos in der Zeit von 15 – 17 Uhr an seinem Fenster vorbeifahren.

a) Vervollständige sein angefangenes Balkendiagramm.

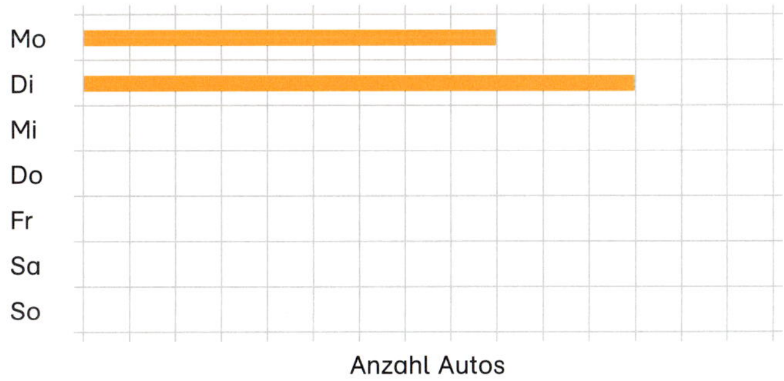

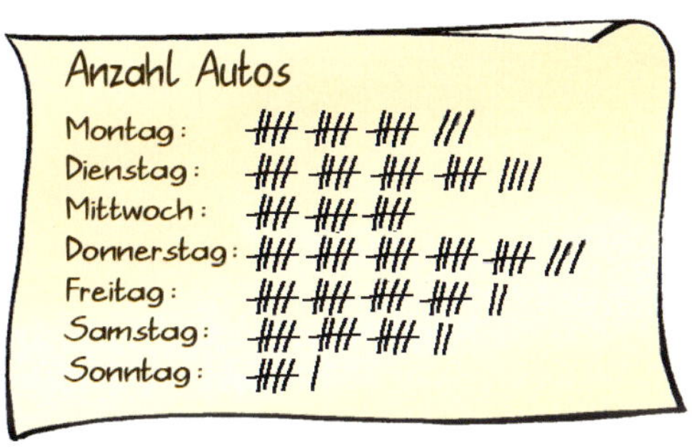

b) Begründe, warum du unbedingt ein Lineal mit gut lesbarer Millimetereinteilung brauchst:

____

____

____

6 P.

4 Miriam hat am Nachmittag 137 Kastanien gesammelt. Für sich selbst will sie so viel behalten, dass sie 18 Männchen aus je 2 Kastanien und Streichhölzern basteln kann. Die restlichen verteilt sie an Karina, Manni und Fred.

a) Wie viele Kastanien verteilt sie an ihre Freunde?

b) Wie viele Kastanien erhält jedes Kind, wenn Miriam versucht, sie gleichmäßig zu verteilen?

c) Am Ende hat Miriam noch Streichhölzer für ein weiteres Männchen. Nützt ihr das was?

Rechnungen:

Antworten: ______________________________

____

____

7 P.

5 Bei einem Geburtstagsspiel läuft Sabine mit einem Eimer mit 3 l Wasser und einem Loch im Boden bis zum Ziel. Dort hat sie nur noch 1 740 ml.

a) Wie viel ml hat sie verloren? (Rechne auf einem Extrablatt.)

b) Sabines Freundin hat dreimal so wenig Wasser verloren. Wie viel ml brachte sie ins Ziel?

Antworten: ______________________________

____

6 P.

6 Ein 19 m langer Baumstamm wird in 3 gleich große Stücke zersägt, wobei die Länge jedes Stückes die Quersumme 7 hat. Es bleibt dabei ein Rest von einigen Zentimetern übrig, der größer ist als 50 cm und kleiner als 80 cm und der ohne Rest durch 7 teilbar ist. Wie lang sind die 3 gleich großen Stücke? (Rechne auf einem Extrablatt.)

Antwort: ______________________________

____

5 P.

In dieser Klassenarbeit habe ich [ ] Punkte von insgesamt 29 Punkten erreicht.

Das entspricht der Note [ ]. (Schau in den Lösungen auf Seite 18 nach.)

Name:	Klasse:	Datum:

1 Korrigiere die Verteilung der Augen auf dem Würfel. Die 1 und die 5 dürfen nicht mehr verändert werden. Es gibt 2 Möglichkeiten.

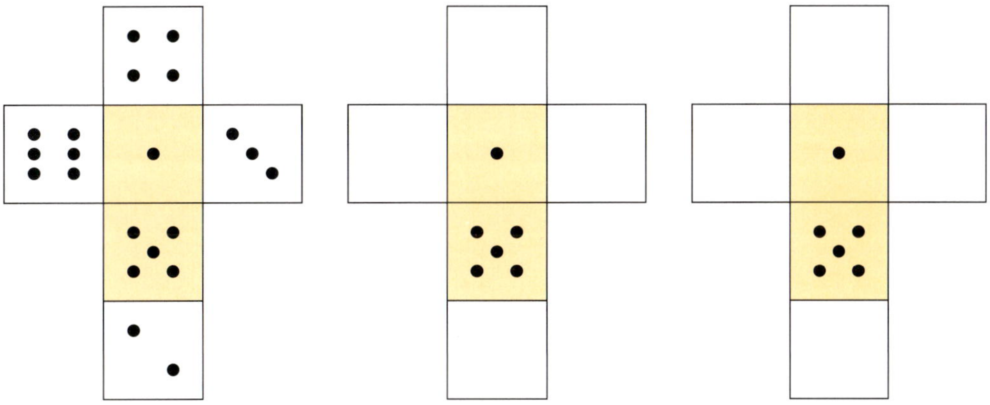

2 P.

2 a) Aus diesem Würfelnetz könntest du einen Würfel bauen. Aus 2 solcher Würfel könntest du einen Quader bilden. Zeichne – ebenfalls in der Kreuzform – das Quadernetz auf.

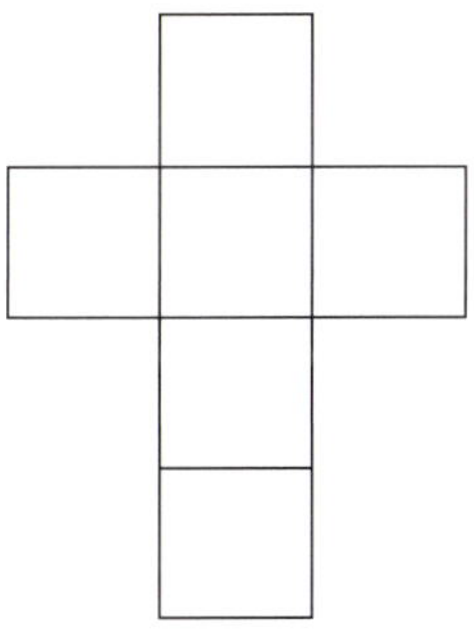

b) Wie viele Würfel aus Aufgabe a) benötigst du, um einen Würfel zu bilden, der eine Kantenlänge von 2 cm bzw. 3 cm hat?

____

4 P.

3 Entscheide, ob die folgenden Aussagen wahr oder falsch sind.

	w	f
Ein Quader hat genauso viele Ecken wie ein Würfel.	☐	☐
Die Grundfläche eines Kegels ist quadratisch.	☐	☐
Einen Zylinder kann man aus zwei rechteckigen und einer kreisförmigen Fläche zusammensetzen.	☐	☐
Beim Schnitt durch eine Kugel ist die Schnittfläche kreisförmig.	☐	☐

4 P.

4 An jedem Bausatz fehlt ein Teil. Verbinde.

Bausatz für eine Pyramide | Bausatz für einen Quader | Bausatz für einen Würfel

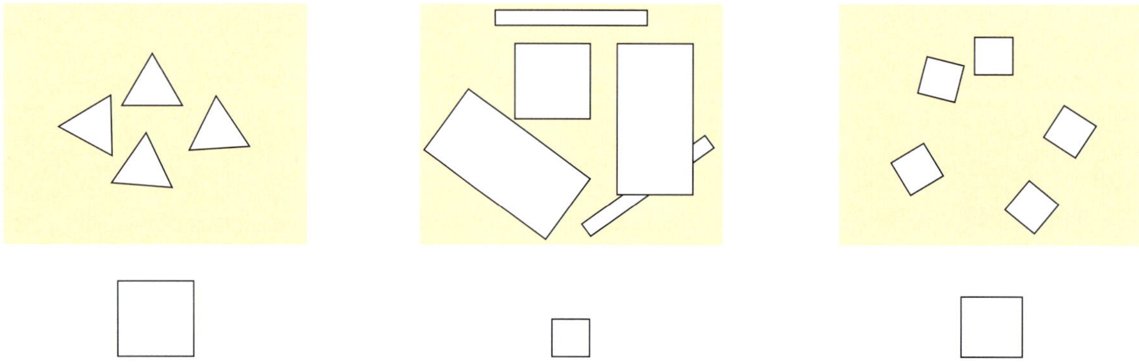

3 P.

5 Aus diesen Bauteilen lassen sich zwei Quader bauen. Zwei Bauteile bleiben übrig. Verbinde die passenden Bauteile miteinander. Streiche die nicht passenden durch.

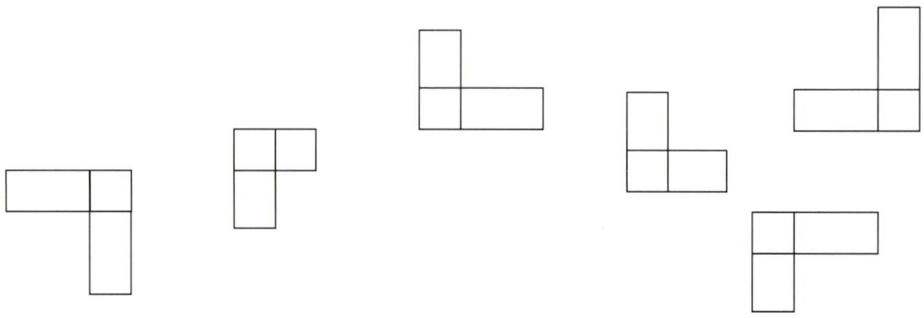

3 P.

6 Zeichne in die Netze die Punkte ein, die beim Zusammenbauen auf die markierten Punkte treffen.

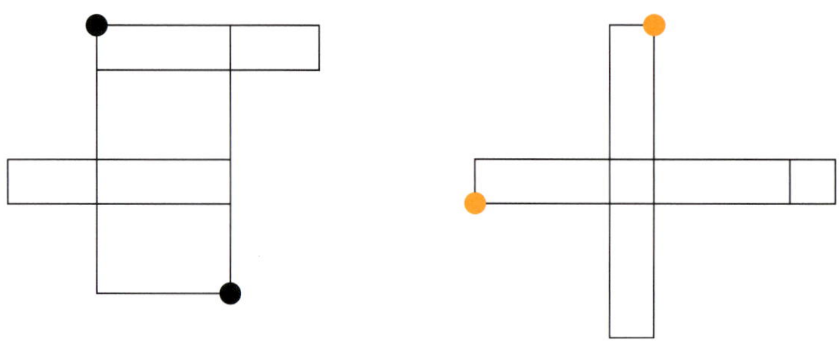

8 P.

7 a) Kann man aus 4 Quadraten und 2 Rechtecken einen Quader bauen?

____

b) Kann man aus 4 Rechtecken und 2 Quadraten einen Quader bauen?

____

2 P.

In dieser Klassenarbeit habe ich ☐ Punkte von insgesamt 26 Punkten erreicht.

Das entspricht der Note ☐. (Schau in den Lösungen auf Seite 19 nach.)

Name:	**Klasse:**	**Datum:**

1 Vergrößere a) im Maßstab 2:1. Verkleinere b) im Maßstab 1:2.
Beginne jeweils an dem Punkt.

a) b)

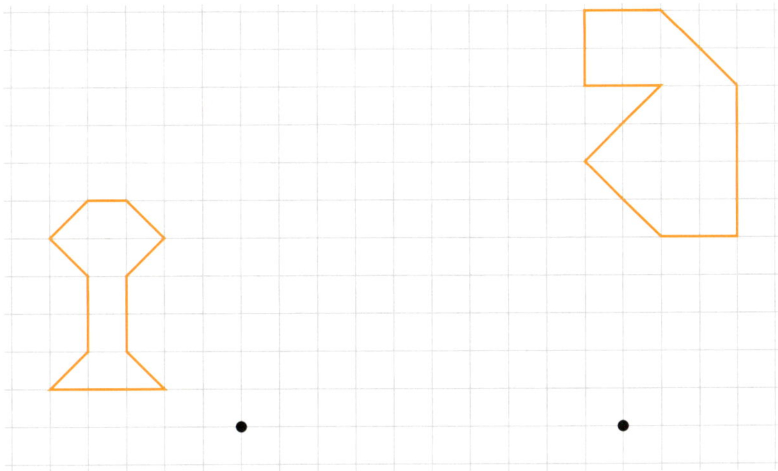

2 P.

2 Du verkleinerst das Monogramm im Maßstab 1:4. Was meinst du?
Welches Kästchenfeld reicht dafür aus?

Kästchenfeld ____________________

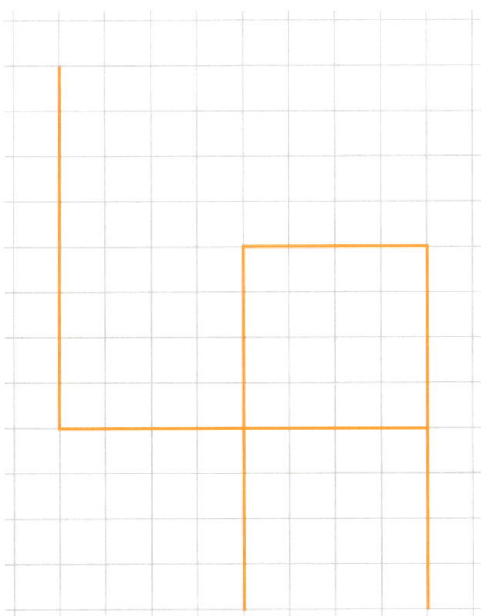

a)

b)

c)

d)

2 P.

3 Ein Haus ist 5,60 m hoch und 5,20 m breit. Du möchtest es im Maßstab 1:40 in dein Heft zeichnen. Kannst du das, wenn du ein DIN-A4-Heft (ca. 30 cm hoch und 21 cm breit) benutzt?

Antwort: ________, weil ____

____

3 P.

4 Vervollständige die folgende Tabelle:

Abbildung	42 cm	60 mm		22 cm	0,05 m	
Maßstab		1:3	3:1		1:90	14:1
Wirklichkeit	420 cm		6 cm	132 cm		7 mm

6 P.

5 Pinguine können zwischen 0,5 m und 1,5 m groß werden. Können diese Bilder dann stimmen? Rechne auf einem Extrablatt, und schätze ein.

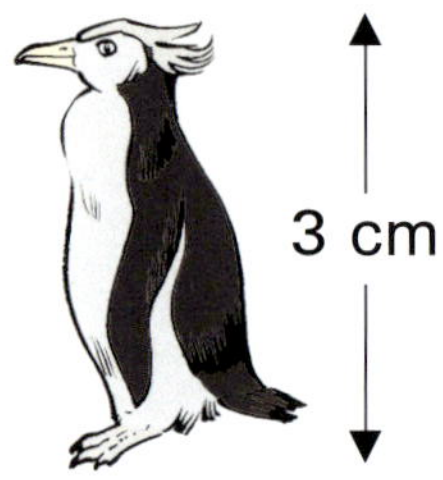

Maßstab 1:30		Maßstab 1:50		Maßstab 3:1	
kann sein	☐	kann sein	☐	kann sein	☐
kann nicht sein	☐	kann nicht sein	☐	kann nicht sein	☐

6 P.

6 Welcher Baum ist in Wirklichkeit am höchsten?

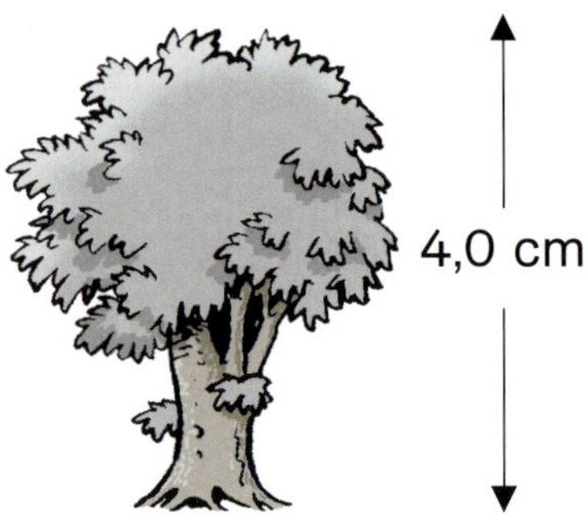

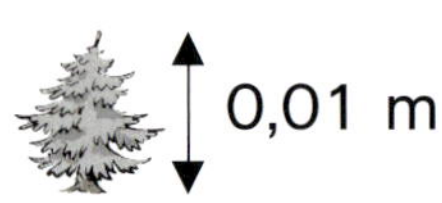

Lisas Baum ist im Maßstab 1:450 dargestellt.

_______________ m

Max sagt: „Mein Baum ist im Maßstab 1:700 dargestellt.“

_______________ m

Dieser Baum ist in Wirklichkeit 800-mal so groß wie auf dem Bild.

_______________ m

Antwort: ____

6 P.

In dieser Klassenarbeit habe ich ☐ Punkte von insgesamt 25 Punkten erreicht.

Das entspricht der Note ☐. (Schau in den Lösungen auf Seite 20 nach.)

Name:	Klasse:	Datum:

1 Die folgenden Figuren sollen aus Quadraten mit der Kantenlänge 1 cm ausgelegt werden. Wie viele Quadrate benötigst du jeweils dafür?

Auslegequadrat

Figur 1

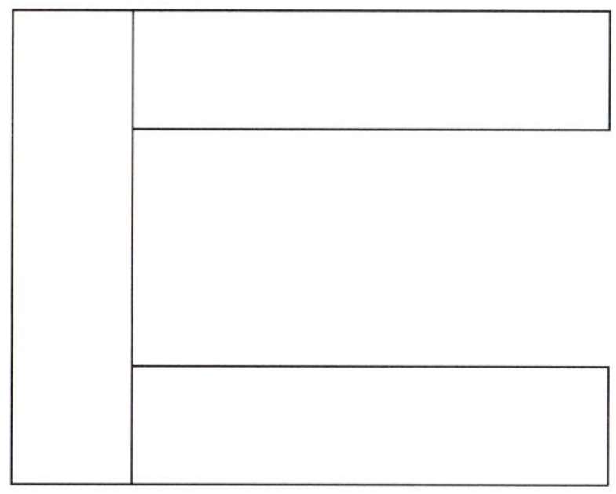

Figur 2

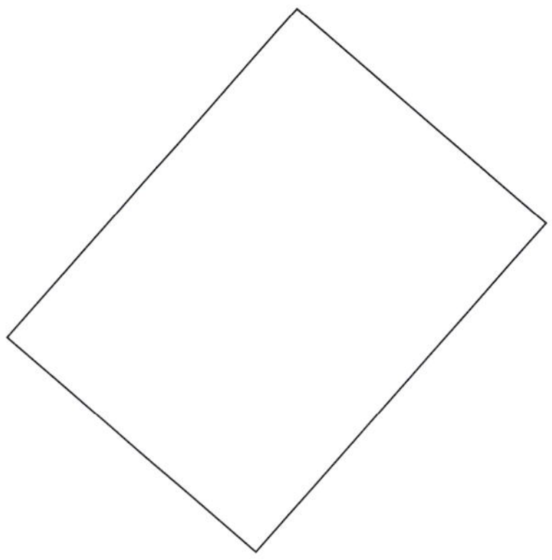

Figur 3

	3 P.

2 Wie viele Quadrate erhältst du, wenn du die folgenden Figuren in Quadrate und Dreiecke zerlegst? Du kannst dabei immer 2 Dreiecke wieder zu einem Quadrat zusammenlegen. Figur 2 ist aus Figur 1 entstanden. Überlege, wie du dann ergänzen musst.

Auslegefiguren

Figur 1

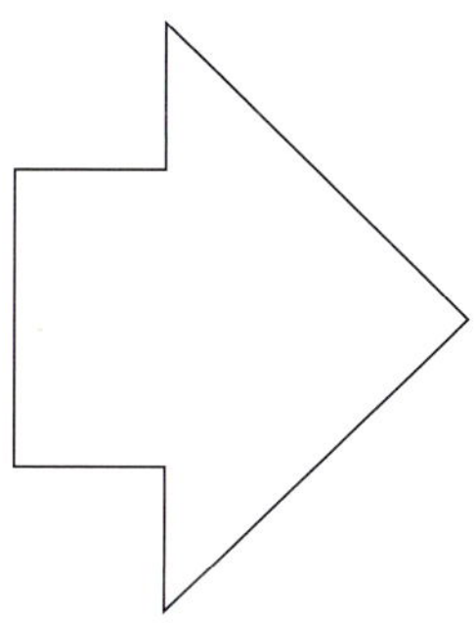

Figur 2

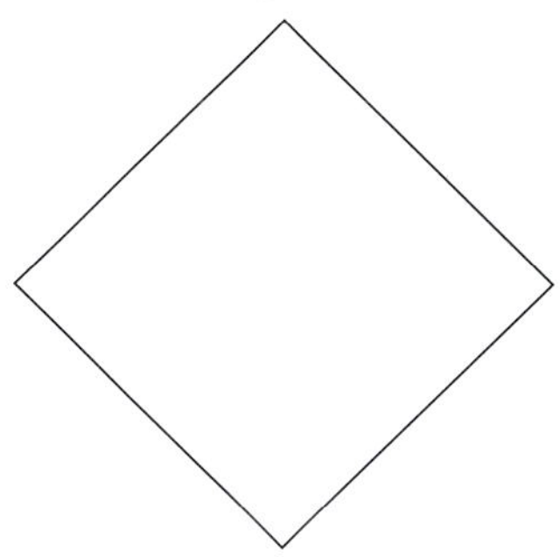

Antwort: ____

____

____

____

____

	4 P.

3 Ordne die Flächen der Figuren der Größe nach. Beginne mit der kleinsten.

Figur A **Figur B** **Figur C** **Figur D**

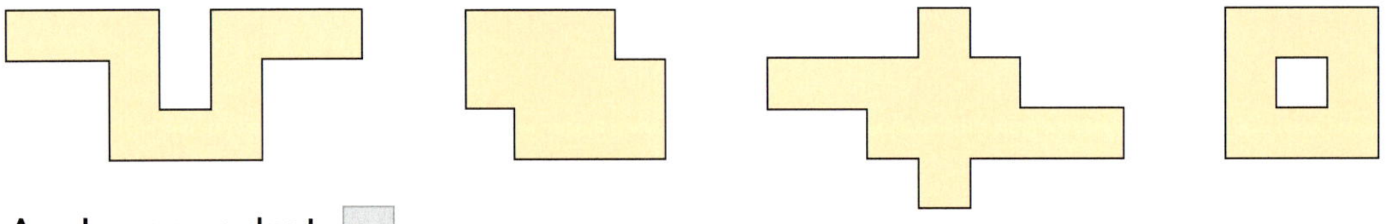

Auslegequadrat:

Der Größe nach sortiert: ____ ____ ____ ____

Sortiere auch nach dem Umfang: ____ ____ ____ ____

8 P.

4 Die folgende Gartenfläche soll so genutzt werden, dass am Ende für eine Terrasse 4 m · 3 m übrig bleiben. Zeichne die Nutzungsflächen ein. Jedes Kästchen = 1 m^2

- Gartenweg: 1 m · 12 m ganz gerade am Rasen vorbei zum Blumenbeet
- Blumenbeet: 6 m · 2 m
- kleiner Gartenweg zwischen Rasen und Blumenbeet: 1 m · 6 m (ganz gerade)
- Rasen: 9 m · 6 m
- Beet mit Ziersträuchern und kleinen Bäumen: 3 m · 8 m

6 P.

5 Wie viel m^2 sind die Zimmer jeweils groß? Wie viel m^2 ist die ganze Wohnung groß, wenn noch ein Gäste-WC mit 1,5 m^2 und der Flur mit 7 Quadratmetern hinzukommen? Rechne auf einem Extrablatt, und fülle die Tabelle aus.

1 cm auf dem Plan sind in Wirklichkeit 100 cm (Maßstab 1:100)

	Wohnzimmer	**Kinderzimmer**	**Badezimmer**	**Schlafzimmer**
Maß auf dem Plan	5 cm · 6 cm	3 cm · 4 cm	2 cm · 2 cm	4 cm · 4 cm
Maß in Wirklichkeit				

Größe der Wohnung: ______________________________

5 P.

In dieser Klassenarbeit habe ich ☐ Punkte von insgesamt 26 Punkten erreicht.

Das entspricht der Note ☐. (Schau in den Lösungen auf Seite 21 nach.)

Name:	Klasse:	Datum:

1 Bestimme die Anzahl der rechten Winkel in den fünf Figuren mit einem Geodreieck oder einem Faltwinkel.

Figur 1

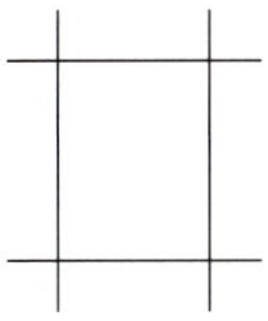

___

Figur 2

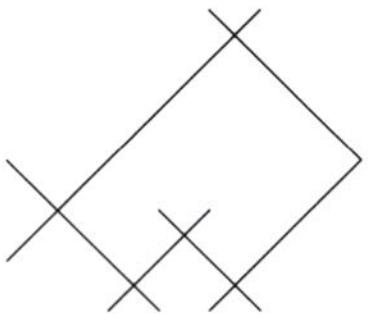

___

Figur 3

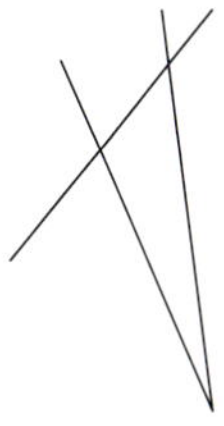

___

Figur 4

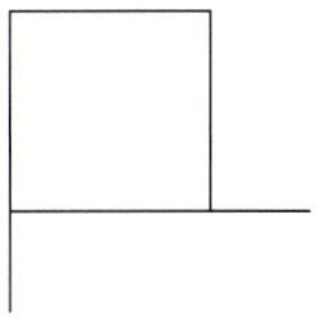

___

Figur 5

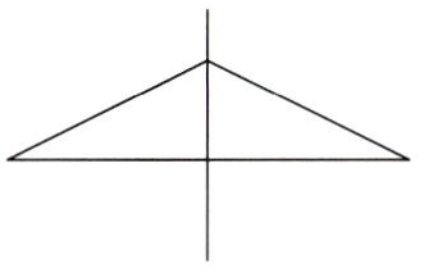

___

5 P.

2 Zeichne zwei Quadrate mit der Kantenlänge 2 cm so ineinander (wobei sie sich nicht nur berühren dürfen), dass

a) 12 rechte Winkel b) 16 rechte Winkel c) 8 rechte Winkel entstehen.

Deine Zeichnungen:

3 P.

3 Vervollständige die übereinanderliegenden Figuren durch gestrichelte Linien.

a) Zwei der kleinen, orangen Quadrate würden zusammengesetzt so groß wie das kleine dunkle Rechteck sein. Die Spitze des weißen Dreiecks stößt genau an die obere Seite des großen Rechtecks.

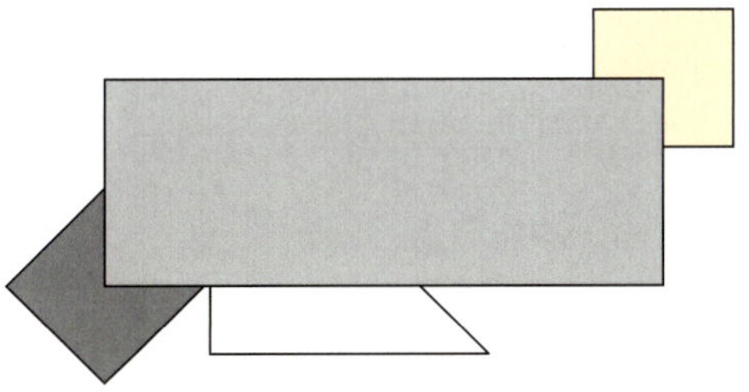

b) Jede der Figuren ist ein Quadrat. Sie haben eine Kantenlänge von 4 cm, 3 cm, 2 cm und 1 cm.

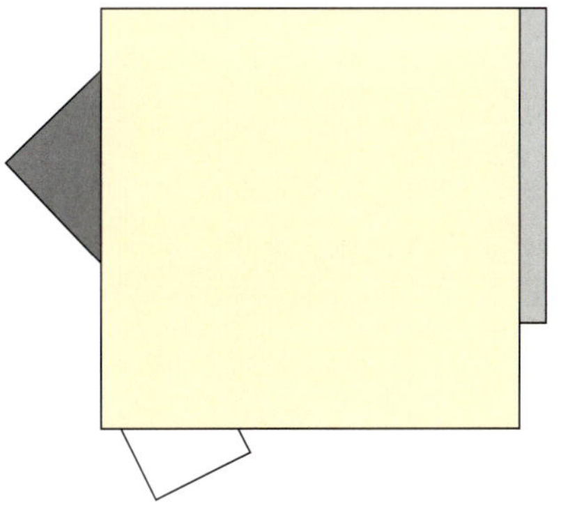

6 P.

4 Stelle deinen Zirkel auf den Radius 1,5 cm ein, und setze das folgende Muster nach links und rechts um jeweils 1 Muster fort.

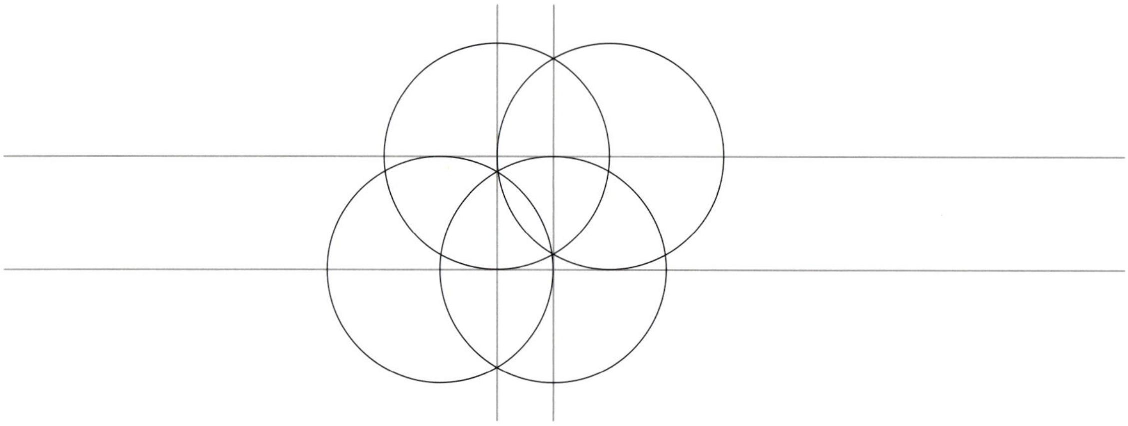

4 P.

5 Zeichne ein Quadrat mit der Kantenlänge 2 cm. Finde den Mittelpunkt des Quadrates, und stelle deinen Zirkel einmal so ein, dass du einen Kreis zeichnen kannst, der genau in das Quadrat hineinpasst und dann noch einmal so, dass der Kreis das Quadrat genau einschließt.

Radius des kleinen Kreises: ______________

Deine Zeichnungen:

4 P.

6 In das Quadrat sollen genau 4 Kreise hineinpassen, die sich nicht überschneiden dürfen. Finde den nötigen Radius, und zeichne. Teile dann das Quadrat so in zwei gleich große Hälften, dass in jeder Hälfte nur noch jeweils ein Kreis vollständig zu sehen ist.

3 P.

In dieser Klassenarbeit habe ich ☐ Punkte von insgesamt 25 Punkten erreicht.

Das entspricht der Note ☐. (Schau in den Lösungen auf Seite 22 nach.)

Name:	Klasse:	Datum:

1 Zeichne die Spiegelachsen in folgende Figuren ein.

Figur 1

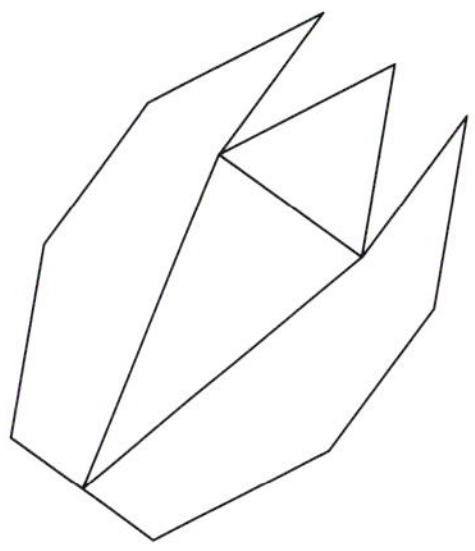

Figur 2

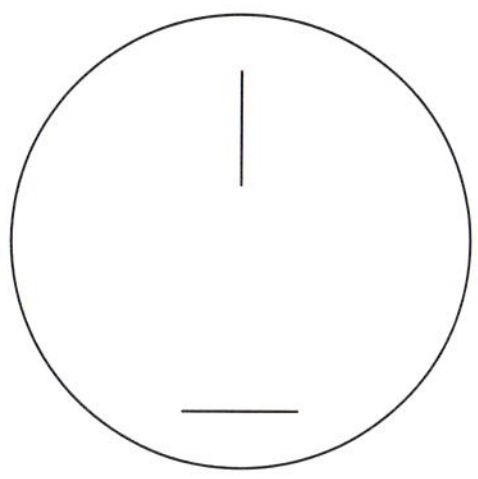

Figur 3

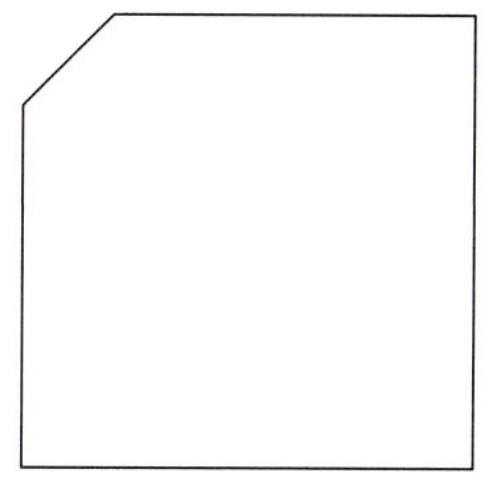

3 P.

2 Zeichne die Spiegelbilder.

Figur 1 **Figur 2** **Figur 3**

3 P.

3 Nach welcher Regel wurde die Figur verschoben? Fülle die Lücken aus, und unterstreiche.

Regel:

Erste Verschiebung — Anzahl der Kästchen: _____ nach oben; unten
Anzahl der Kästchen: _____ nach rechts

Zweite Verschiebung — Anzahl der Kästchen: _____ nach oben; unten
Anzahl der Kästchen: _____ nach rechts

Dritte Verschiebung — Anzahl der Kästchen: _____ nach oben; unten
Anzahl der Kästchen: _____ nach rechts

Zeichne die Position der Figur nach der vierten Verschiebung ein.

8 P.

4 Schreibe auf, was mit der folgenden Figur bei der jeweiligen Position geschehen ist.

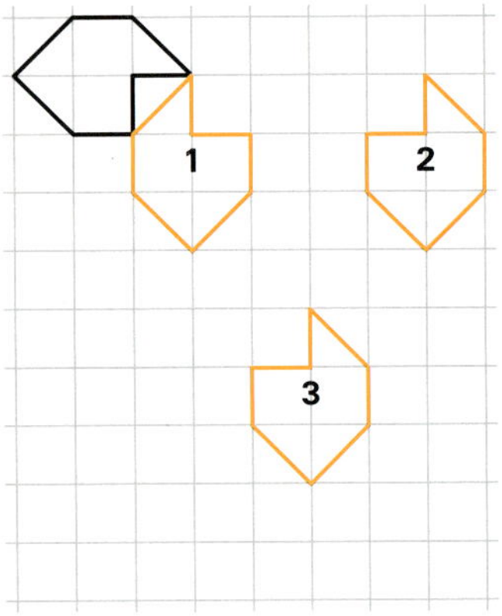

1. Die Figur wurde zuerst ______________________

2. Die Figur wurde dann ______________________

3. Die Figur wurde schließlich ______________________

____

Wenn die Figur gespiegelt wurde, zeichne die Symmetrieachse ein. Wenn sie gedreht wurde, zeichne den Drehpunkt ein. Wenn sie verschoben wurde, gib an, um wie viel Kästchen in die jeweilige Richtung.

____

____

	6 P.

5 Stell dir vor, die Figur sei der Stundenzeiger einer Uhr. Drehe sie jeweils um eine viertel Stunde weiter, bis sie wieder in die ursprüngliche Position kommt. Zeichne ein.

Figur 1 **Figur 2** **Figur 3**

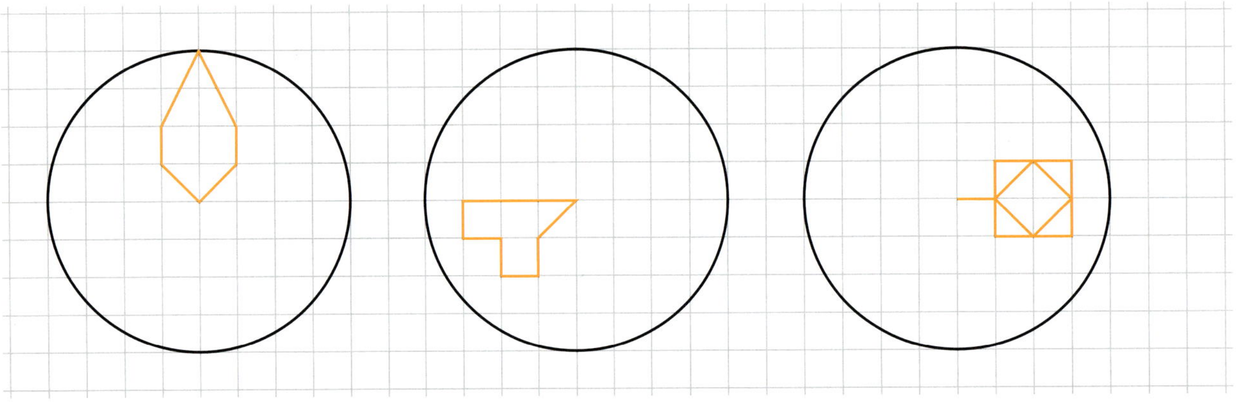

	9 P.

6 Die folgende Figur wurde um 6 Kästchen nach unten und um 2 Kästchen nach rechts verschoben. Danach wurde sich an ihrer orangen Seite gespiegelt. Dann wurde sie an ihrem Drehpunkt um eine viertel Drehung (viertel Stunde) nach rechts gedreht und zum Schluss noch einmal um 4 Kästchen nach oben verschoben.

Zeichne ein, wo die Figur nun liegt.

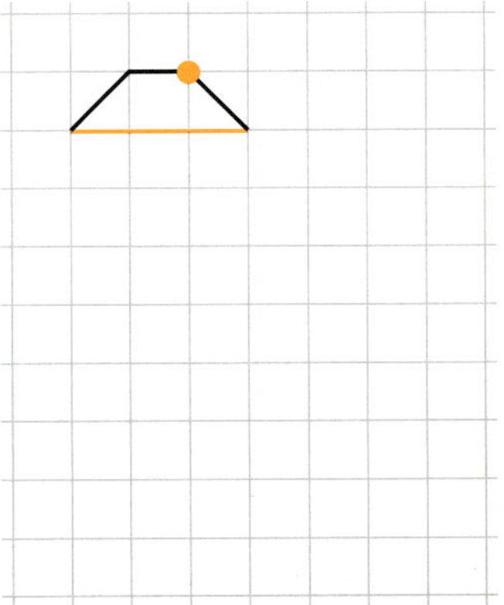

	4 P.

In dieser Klassenarbeit habe ich ☐ Punkte von insgesamt 33 Punkten erreicht.

Das entspricht der Note ☐. (Schau in den Lösungen auf Seite 23 nach.)

Name:	Klasse:	Datum:

1 Aus diesen Netzen lassen sich keine Quader bauen. Zeichne ein, wo jeweils der Fehler liegt, und begründe oder korrigiere den Fehler.

Netz 1

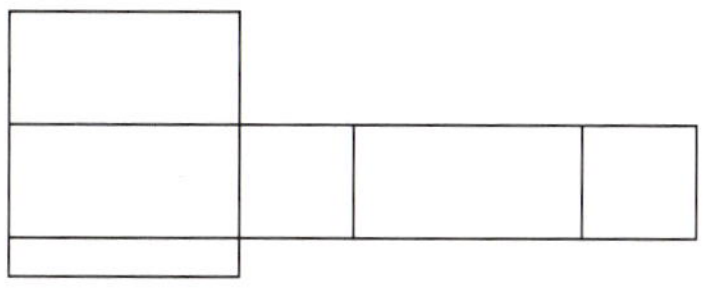

Netz 2

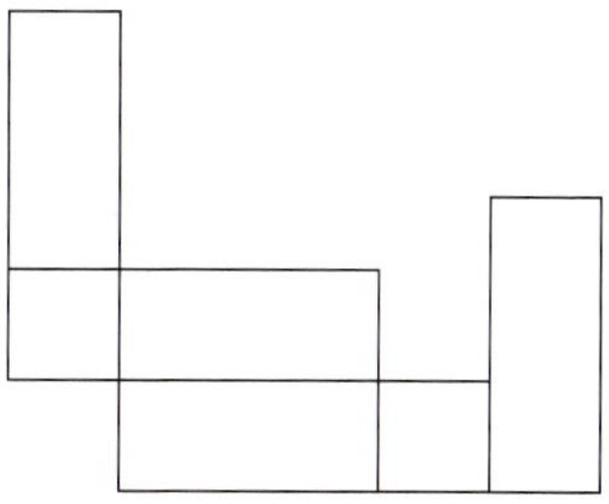

Begründungen: ______________________________

____

4 P.

2 Nur eine Verkleinerung im Maßstab 1:3 ist richtig. Welche?

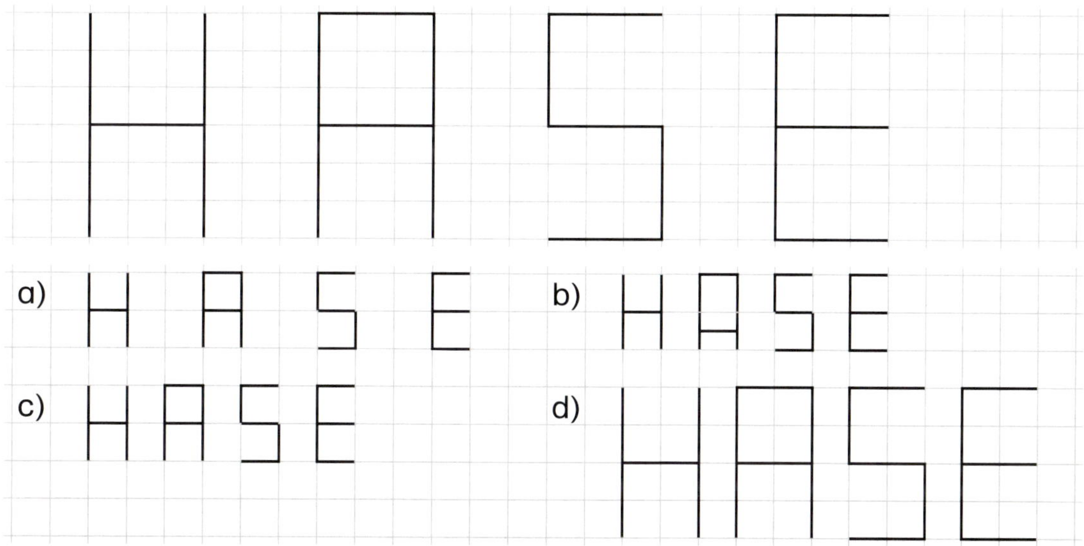

Begründe auf einem Extrablatt, warum die anderen jeweils nicht richtig verkleinert wurden.

4 P.

3 Welche Figur hat die größere Fläche? Zeichne die Vergleichsflächen ein, und färbe sie ein.

Vergleichsflächen:

a)

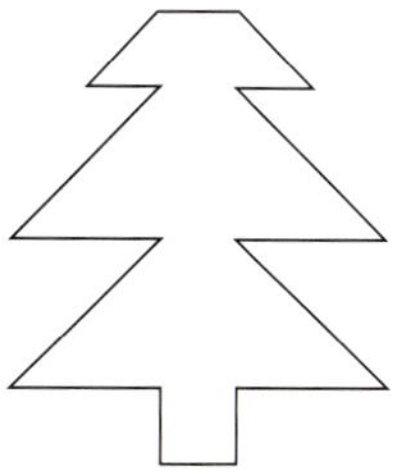

b)

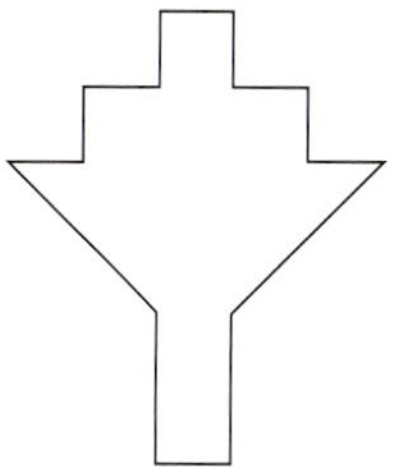

4 P.

4 Ergänze die zweite Figur so, dass beide Figuren gleich viele rechte Winkel haben. Beschreibe auf einem Extrablatt, was du tun musst, um die Aufgabe zu lösen.

Figur 1 **Figur 2**

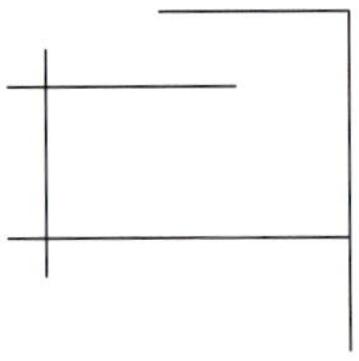

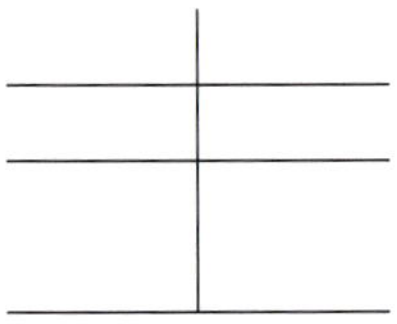

3 P.

5 Führe hier das Muster um 2 kleine und 2 große Kreise fort.

4 P.

6 Marc behauptet, dass ein weiterer Kreis in das Dreieck hineinpasst, dessen Radius nur um 1 cm größer ist als der des orangen Kreises.

Begründe auf einem Extrablatt, warum das nicht sein kann.

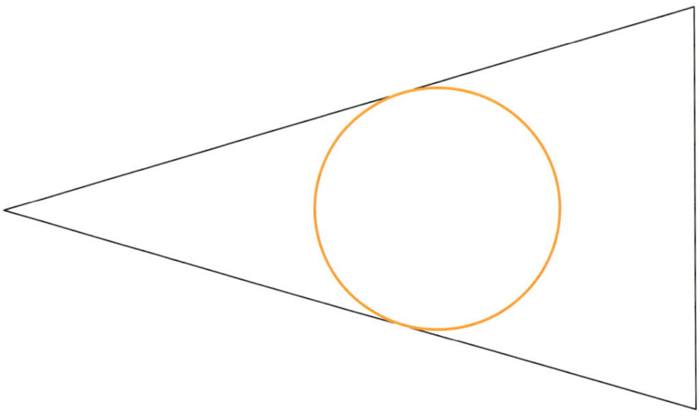

2 P.

7 Drehe die Figur eine halbe Umdrehung (halbe Stunde) nach links um den Drehpunkt. Verschiebe sie dann um vier Kästchen nach links und ein Kästchen nach oben. Spiegele sie schließlich an der orangen Seite, und drehe sie noch einmal um eine viertel Drehung nach rechts. Zeichne alle Positionen ein.

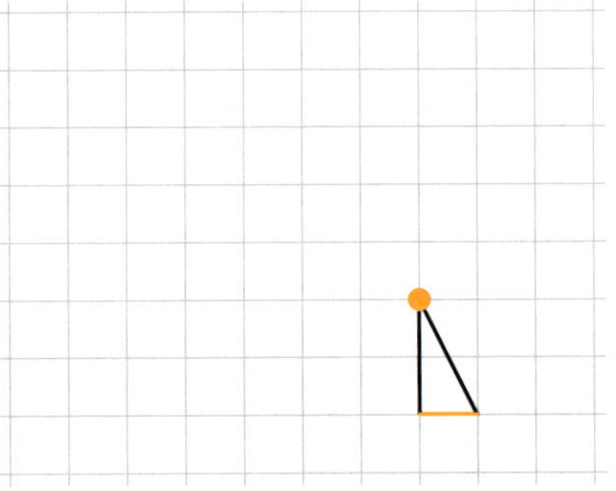

4 P.

In dieser Klassenarbeit habe ich ☐ Punkte von insgesamt 25 Punkte erreicht.

Das entspricht der Note ☐. (Schau in den Lösungen auf Seite 24 nach.)